1. 荠菜
2. 田间芥蓝
3. 田间牛蒡
4. 牛蒡产品
5. 苦菊

1. 抱子甘蓝
2. 银丝菜
3. 罗马花椰菜之一
4. 罗马花椰菜之二

1. 节瓜
2. 紫背天葵
3. 荷兰芹
4. 田间青花菜

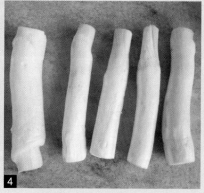

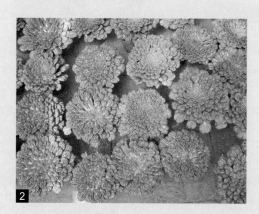

1. 田间球茎茴香
2. 乌塌菜
3. 蛇瓜
4. 茭白

稀特蔬菜
优质栽培新技术

XITE SHUCAI YOUZHI ZAIPEI XINJISHU

杨鹏鸣　姜立娜　编著

中国科学技术出版社
·北　京·

图书在版编目（CIP）数据

稀特蔬菜优质栽培新技术 / 杨鹏鸣，姜立娜编著 . —北京：
中国科学技术出版社，2017.8
ISBN 978-7-5046-7595-8

I.①稀… Ⅱ.①杨… ②姜… Ⅲ.①蔬菜园艺
Ⅳ.① S63

中国版本图书馆 CIP 数据核字（2017）第 172718 号

策划编辑	张海莲　乌日娜	
责任编辑	张海莲　乌日娜	
装帧设计	中文天地	
责任印制	徐　飞	

出　　版	中国科学技术出版社
发　　行	中国科学技术出版社发行部
地　　址	北京市海淀区中关村南大街16号
邮　　编	100081
发行电话	010-62173865
传　　真	010-62173081
网　　址	http://www.cspbooks.com.cn

开　　本	889mm×1194mm　1/32
字　　数	150千字
印　　张	6.375
彩　　页	4
版　　次	2017年8月第1版
印　　次	2017年8月第1次印刷
印　　刷	北京威远印刷有限公司
书　　号	ISBN 978-7-5046-7595-8 / S · 666
定　　价	25.00元

P_{reface} 前言

　　稀特蔬菜是指种植面积较小、风味独特、外形新奇的特种优质蔬菜。超市里人们经常见到的那些包装精美、形态各异、色泽鲜艳的水果苤蓝、青花菜、芦笋、黄秋葵、紫菜薹等均属稀特蔬菜类型。这类蔬菜不仅营养丰富、味道独特、品质好，而且色泽鲜艳美观，适合精细包装，可以净菜上市，深受消费者欢迎。

　　近年来，随着生活水平的不断提高，人们已不再满足于食用白菜、黄瓜、辣椒等大宗蔬菜，稀特蔬菜已成为健康饮食的发展潮流。同时，包装精美的稀特蔬菜既是馈赠亲朋好友的上好礼品，又是出口创汇的特色产品。但是生产中由于存在地域差异和传统种植习惯的差异，致使目前稀特蔬菜栽培面积仍然较少，栽培技术相对落后，生产量远远不能满足国内外市场的需求。为此，笔者根据国内外有关专家学者对稀特蔬菜栽培技术的科学研究成果，结合广大种植者的成功经验，编写了《稀特蔬菜优质栽培新技术》一书。全书系统地介绍了水果苤蓝、奶油南瓜、芦笋、豌豆、香椿、球生菜、荠菜、芥蓝、牛蒡、苦菊、银丝菜、罗马花椰菜、抱子甘蓝、荷兰芹、节瓜、青花菜、紫背天葵、蛇瓜、茭白、乌塌菜、紫菜薹、球茎茴香、黄秋葵、豆薯、马齿苋、菊苣、蕨菜、佛手瓜、芽苗菜等29种稀特蔬菜的生物学特性、主栽品种、播种育苗、整地定植、田间管理、病虫害防治、采收与贮藏保鲜等优质栽培技术，适合广大稀特蔬菜生产者和基层农业技术推广人员学习使用，也可供农业院校相关专业师生阅读参考。

　　由于笔者水平所限，书中错误和纰漏之处在所难免，敬请读者和同行专家批评指正。

编 著 者

C*ontents* 目 录

Contents 目 录

一、水果苤蓝

（一）生物学特性

　　水果苤蓝是 20 世纪 90 年代末从欧洲引进的稀特菜新品种，为十字花科芸薹属甘蓝种的一个变种，以膨大的肉质球茎和嫩叶为食用部位。球茎脆嫩清香爽口，营养丰富；嫩叶中营养也很丰富，特别是含钙量很高。水果苤蓝以生食为主，可以蘸酱生吃、凉拌、做沙拉、爆炒和做汤，最适宜鲜食和凉拌。由于其维生素含量丰富，特别是维生素 E 含量高，具有增强人体免疫功能的作用。水果苤蓝生育期短，病害少，种植容易。

　　水果苤蓝种子发芽适宜温度为 20℃～25℃，15℃以下和 30℃以上不利于发芽；茎叶生长的适宜温度为 18℃～25℃；球茎生长适宜温度白天 18℃～22℃、夜间 10℃左右。球茎膨大期如遇 30℃以上的高温，肉质易纤维化，品质变差。水果苤蓝属于长日照作物，在光照充足的条件下植株生长健壮，产量高、品质好，但光照太强会使球茎纤维增多而降低品质；若光照不足植株生长细弱，球茎小、品质差，产量低。水果苤蓝喜湿润的土壤和空气条件，球茎膨大期如水分不足会降低品质和产量。茎叶生长期比较耐旱，水分不宜过多。水果苤蓝最适宜在疏松、肥沃、通气性良好的壤土种植，土质过黏及沙质土壤不适宜种植；需氮、磷、钾和微量元素配合使用，幼苗期需磷肥和氮肥较多，球茎膨大期需钾肥和氮肥较多；生长期间还需要少量的钙、镁、硫等微量元素。

（二）主栽品种

1. 利　浦

从荷兰引进的杂交一代品种，球茎扁圆形，表皮浅黄绿色，叶片浅绿色，株形上倾，适宜密植，单球重 500 克左右。口感脆嫩、微甜，品质极佳，抗病性较强，定植后 60 天左右可采收。

2. 紫 苤 蓝

从德国引进。紫苤蓝根系浅，茎短缩，叶丛生于短缩茎上，叶片长椭圆形、绿色，叶面平滑、有蜡粉，叶缘有缺刻略呈波状，叶柄细长。总状花序，花冠黄色。生长至一定程度后，茎部膨大形成肉质球茎为食用器官，球茎圆形或高圆形，皮紫红色或紫色，肉质白色。种子近圆形、红褐色或黑褐色，籽粒较大。病害较轻，品质较好，定植后 60 天左右可采收。

（三）播种育苗

1. 播种季节

南方适于秋播，北方春、秋两季均可播种。温暖地区秋播于 9～10 月份育苗移栽；华北地区秋播于 7 月上中旬育苗移栽；高寒地区露地栽培于 5 月上旬播种育苗。

2. 育苗方法

最好采用穴盘育苗或营养钵育苗，精量播种，一次成苗。春季用 72 孔穴盘，夏秋季用 128 孔穴盘。基质用草炭和蛭石各 1 份，或草炭、蛭石和废菇料各 1 份，覆盖料一律用蛭石，每立方米基质加入尿素 1.2 千克、磷酸二氢钾 1.2 千克，肥料与基质混拌均匀后备用。播种前需检测发芽率，种子发芽率应大于 90%。采用温汤浸种法，浸泡处理种子后播种，每穴 1～2 粒种子，播后覆盖蛭石约 1 厘米厚。覆盖完毕后向苗盘浇透水，以水分从穴盘底孔滴出为宜，出苗后及时查苗补缺。也可采用普通苗床育苗。苗期加强管理，一般间苗 1～2 次，施粪水 1 次并适当浇水，以保持幼苗稳长而不旺长。

（四）整地定植

1. 整 地

最好选用前茬没有种植过甘蓝类蔬菜的地块。每公顷施腐熟农家肥 60 000 千克左右、三元复合肥（氮、磷、钾为 15∶15∶15）800 千克，耕翻深度 28 厘米左右，耙碎耙平，做成 1.3 米的宽畦。畦的形式要根据土质、季节和品种等情况而定，地势高、排灌方便的沙壤土地区，可开浅沟或平畦栽培；土质黏重、地下水位高、易积水或雨水多的地区，宜做高畦或平畦。

2. 定 植

苗龄 30 天左右、5～6 片真叶时定植。定植时要剔除过大的苗，以防先期抽薹。每畦栽 3 行，行距 35～45 厘米，株距 30 厘米，每公顷栽植 82 500～90 000 株。用穴盘或营养土块育苗的，伤根少或不伤根，定植后成活率可达 100%。用苗床育苗的，定植前 1 天把苗地浇透水，翌日带土坨起苗，当天定植完毕；否则，不利于缓苗。定植宜在阴天或傍晚进行，定植后立即浇水，第二天再浇 1 次透水，以利于缓苗。

（五）田间管理

1. 浇 水

定植后每 2 天浇 1 次小水，连浇 2～3 次。缓苗后中耕 1～2 次，然后蹲苗 10 天左右，以利根系生长，蹲苗后及时浇水。球茎开始膨大时，每 3～5 天浇 1 次水，浇水要均匀，小水勤浇，保持地皮不干、土壤湿润，以利球茎快速膨大。避免浇水不均、过干或过湿，否则球茎易开裂或畸形而失去商品价值。待球茎心叶不再生长，即接近成熟时，不再浇水，防止球茎破裂。

2. 追 肥

定植后 10～15 天，结合浇水每公顷可施尿素 75 千克，以促苗快长；在球茎开始膨大时，每公顷追施尿素 150 千克；球茎膨大盛期，每公顷追施尿素 225～300 千克，并叶面喷施 0.3% 磷酸二氢钾溶液 2～3 次，尽量喷在叶背面。

（六）病虫害防治

1. 细菌性软腐病

（1）危害症状 从球茎处发病，外部表现为植株萎蔫，球茎内部湿腐，直至腐烂呈泥状，致使整个植株塌倒溃烂。病部散发出臭味。

（2）防治方法

①农业防治 高畦覆盖地膜栽培，施足充分腐熟的有机肥，适时适量追肥。均匀浇水，避免大水漫灌，雨后及时排水，以防湿度剧烈变化而导致球茎开裂。注意防治地蛆和黄条跳甲等害虫，以减少伤口。发病初期拔除病株，并在病穴及四周撒少许石灰消毒。

②药剂防治 可用 72% 硫酸链霉素可溶性粉剂 4 000 倍液，或 47% 春雷·王铜可湿性粉剂 700 倍液，或 78% 波尔·锰锌可湿性粉剂 500 倍液，或 50% 氯溴异氰尿酸可溶性粉剂 1 200 倍液，或 53.8% 氢氧化铜干悬浮剂 1 000 倍液灌根，每株灌药液 200 克，每周 1 次，连续防治 2～3 次。

2. 霜 霉 病

（1）危害症状 最初叶正面出现灰白色、淡黄色或黄绿色周缘不明显的病斑，后扩大为浅褐色或黄褐色病斑，病斑因受叶脉限制而呈多角形或不规则形，湿度高时叶背面密生白色霜状霉。病斑多时相互连接，使病叶局部或整叶枯死。

（2）防治方法

①农业防治 施足基肥，增施磷、钾肥。早间苗，晚定苗，适度蹲苗。小水勤浇，雨后及时排水。清洁田园，拔除病苗，拉秧后要把病叶和病株清除出田外深埋或烧毁，并深翻土壤，可减少病菌在田间的传播。

②药剂防治 发病初期可用 72.2% 霜霉威水剂 600 倍液，或 78% 波尔·锰锌可湿性粉剂 500 倍液，或 52.5% 噁酮·霜脲氰水分散粒剂

15 倍液，或 72% 霜脲·锰锌可湿性粉剂 1 200 倍液，或 70% 代森锰锌可湿性粉剂 500 倍液喷雾，每 6～8 天喷 1 次，连喷 2～3 次。

3. 虫害防治

（1）**菜青虫**　菜青虫是危害水果茎蓝的最主要害虫，通常以幼虫从叶背啃食叶肉，三龄以后可将叶片吃成孔洞或缺刻，严重时仅留叶脉。幼虫造成的伤口，易使软腐病菌侵入而引起病害。可在小苗定植后用 2.5% 溴氰菊酯乳油 1 000 倍液，或 25% 灭幼脲悬浮剂 800～1 000 倍液喷施防治，每周喷 1 次。

（2）**菜蚜**　菜蚜在水果茎蓝叶片上刺吸汁液，形成褪色斑点，使叶片变黄，卷缩变形。此外，蚜虫还可传播多种病毒病，造成极大的危害。可用 50% 抗蚜威可湿性粉剂 1 500～2 000 倍液，或 10% 吡虫啉可湿性粉剂 3 000～5 000 倍液防治，每 7～10 天喷 1 次。

（3）**菜螟**　菜螟以幼虫啃食菜心，三龄以后蛀食根部，受害苗因生长点受破坏而停止生长或萎蔫死亡，造成大量缺苗。可在小苗定植后用 2.5% 溴氰菊酯乳油 1 000 倍液喷施防治，每 7～10 天喷施 1 次。

（七）采收与贮藏保鲜

水果茎蓝定植后 60 天左右心叶停止生长时，应及时采收。早熟品种宜在球茎未硬化、顶端的叶片未脱落时采收；晚熟品种应待其充分成长、表皮呈粉白色时收获。采收时应从地面根部割下，防止损伤外皮。采收后除去球茎顶端叶片，以减少水分蒸腾。

水果茎蓝适宜的贮藏条件是温度 0℃、空气相对湿度 98%～100%。采收后应及时销售或放入预冷库预冷至 1℃～2℃。带叶的水果茎蓝在 0℃ 条件下只能贮藏 2 周。去叶水果茎蓝可装在 0.015～0.03 毫米厚的带孔聚乙烯薄膜袋中减少失水，在温度 0℃、空气相对湿度 98%～100% 条件下可以贮藏 2～3 个月。包装箱间要留空隙，以利通风。

二、奶油南瓜

（一）生物学特性

奶油南瓜为引自欧洲的南瓜品种，植株长势旺盛，瓜型整齐一致，极早熟，优质丰产。果实葫芦形，外皮微泛淡黄色覆隐性条纹，单瓜重 0.5～1.5 千克。瓜肉色泽橙黄，蒸熟的瓜肉酷似奶油，香味醇厚细腻，口感介于密本南瓜与贝贝南瓜之间。奶油南瓜富含膳食纤维、维生素 A、维生素 C、维生素 E，同时富含人体所必需的锰、镁、钾元素，适合高血压、冠心病、高血脂患者食用，特别有益于中老年、肥胖者及高血压人群，是欧美市场的主销品种。一般从定植至采收 85～100 天，每 667 米^{2}产量 2 000～2 500 千克。瓜皮韧度强，耐贮运，完熟后采收常温可保存 8 个月。产品主要出口欧洲市场，市场前景广阔。

（二）主栽品种

1. 博收 410

植株长势旺盛，生育期 93 天左右。瓜形整齐一致，瓜长 25～30厘米、粗 13～15 厘米，单瓜重 1.5 千克左右。成熟瓜皮黄里透红，瓜肉鲜艳橘红色，糖分高，口感好，商品利用率极高，耐贮运。还适合如切丁、做南瓜泥罐头等加工用。本品种适应我国大部分地区露地、保护地栽培，南方多雨地区可采取支架栽培，预防烂瓜。

2. 阿根廷奶油南瓜

该品种属中长蔓生长型鲜食南瓜品种，瓜肉鲜艳橘红色，口感甜面，果肉厚，生育期 95 天左右。瓜形整齐一致，瓜长 25 厘米、粗 15 厘米左右，单瓜重 1.5 千克左右，每 667 米² 产量达到 4 000 千克以上。喜基肥充足的沙质土壤。

（三）播种育苗

1. 种子处理

将磷酸三钠配成 10% 的药液，加热至 50℃ 浸种 20 分钟，用清水反复冲洗 4～6 次后进行穴盘育苗。

2. 穴盘基质配制

于播种前 10～15 天，用草炭和蛭石按 2∶1 的体积比配制基质，每立方米基质加生物有机肥 10 千克、钙镁磷肥 3 千克、50% 福美双可湿性粉剂 200 克。将草炭、蛭石、农药混合干拌均匀，然后将基质喷适量水湿拌 2 次，充分搅拌均匀，用塑料膜覆盖堆闷 2～3 天后使用。

3. 播 种

长江流域 2 月上中旬进行提早育苗，华北地区推迟 1 个月左右。选用 50 孔蔬菜育苗穴盘，将基质装入穴盘孔内，压孔 1.3 厘米深，1 穴播 1 粒，种子平放。播后覆盖蛭石，拉平盘面。播种后苗盘放入苗床，并浇足水至盘底部渗水，苗盘上覆盖地膜。此期育苗正值低温期，为促进早出苗、出齐苗，大棚内应套小拱棚，并铺电热线或采用无纺布覆盖保温。

4. 苗期管理

播种后棚温白天保持 25℃～35℃、夜间 15℃～20℃。50% 出苗后及时撤去盖在穴盘上的地膜，增强光照，适当降低温度，棚温白天保持 23℃～28℃、夜间 13℃～18℃。定植前 5～7 天进行炼苗，白天棚温保持 20℃～25℃、夜间 12℃～15℃。发现种子戴帽出土，应在种壳未干时人工去帽。每隔 3～5 天视苗情于晴天上午浇水 1 次。幼苗第一片真叶展开至定植前，每隔 6～8 天浇 1 次 0.3% 磷酸二氢钾 +0.3% 尿素混合液，定植前 1～2 天浇施 1 次 0.3% 磷酸二氢钾溶液。幼苗每长 1 片真叶移盘 1 次。根据苗势和温度变化，进行温湿度调控，低温时段保持穴盘基质微湿不干，并注意保温。晴天中午前后掀膜通风，适当控水防徒长。定植前2天，喷施25%吡唑醚菌酯乳油2 500倍液＋5.7%氟氯氰菊酯乳油1 500倍液＋叶面肥，预防白粉病与地下害虫。

（四）整地定植

1. 整 地

通常采用带沟2～2.2米宽畦栽培。有机肥对瓜秧生长、坐瓜和质量至关重要，每667米²施生物有机肥300千克或腐熟农家肥2 000千克、三元复合肥30千克，在离定植行25厘米处开沟，一次性将所有肥料沟施完后整平畦。在畦面定植行一侧盖80厘米宽的地膜，余下畦面不盖，有利瓜蔓生长后不定根生长。

2. 定 植

当棚内气温稳定在10℃以上、10厘米地温稳定在12℃以上时进行定植。取出穴盘苗定植在地膜中央，通常离沟边20厘米，株距35厘米，每667米²定植800～900株。定植不宜过深，以苗基质与土面相平为宜，边定植边浇足定根水。

（五）田间管理

1. 温 度

奶油南瓜不同生长期对温度要求不同。定植后闭棚升温促缓苗，棚温不超过32℃不通风。伸蔓期棚内温度白天保持23℃～28℃、夜间12℃～15℃。坐瓜期棚内温度白天保持25℃～30℃、夜间15℃～20℃。

2. 光 照

奶油南瓜对光照适应性强，但长日照、强光照有利于提高品质，生产中应尽量选用透光率在85%以上的耐老化无滴膜。

3. 肥水管理

定植后浇足定根水，采用穴盘育苗定植时根系不受伤害，无须再浇缓苗水。伸蔓至坐瓜始期，土壤不严重干旱一般不浇水。瓜胎鸡蛋大小时，每 667 米² 追施三元复合肥 30～40 千克，追肥后浇足膨瓜水。进入转色期后，为防病害发生，应尽量降低土壤湿度，达到表土干燥发白。待头批瓜收获后再浇水促根系和侧蔓生长，并喷施叶面宝等叶面肥，以达到防止早衰、持续结瓜的目的。

4. 植株调整

奶油南瓜结瓜性强，一般采用单蔓整枝。自第四节位开始有雌花，且可连续结瓜。但最先出现的 3 个瓜均应摘除，否则影响植株营养生长，不但成熟瓜小于 500 克，而且会导致植株早衰而减产，出口商品率也降低。通常在瓜蔓长至 80 厘米后留第一雌花进行人工授粉，在授粉坐 2～3 个瓜后及时打顶，留一健壮的侧蔓继续生长，其余侧蔓去除。病叶、老叶、畸形瓜要及时打掉。

5. 人工辅助授粉

奶油南瓜在不进行人工授粉情况下也能结瓜，但通常会出现直筒形或非标准葫芦形等畸形变异瓜，成熟后重量也较小，故需人工辅助授粉，一般在上午 6～10 时进行。

6. 垫 瓜

在果实膨大和成熟过程中，瓜表皮与土壤接触摩擦易形成伤疤或感染病菌，导致烂瓜。生产中可因地制宜进行垫瓜，垫瓜材料可选用 0.8～1 厘米厚泡沫板、废旧育苗盘（切成 15 厘米×20 厘米）或编织袋等，以与瓜接触面不积水为宜。

（六）病虫害防治

1. 病 毒 病

（1）危害症状　叶片上出现黄绿相间的花叶斑驳，叶小、皱缩，边缘卷曲。果实上出现深浅绿色相间的花斑，或在成株期叶片出现皱缩，病部出现隆起的绿黄相间斑驳，叶片边缘难以展开；同时叶片变厚、叶色变浓，或植株生长点新叶变成蕨叶，呈鸡爪状。果实受害后果面出现凹凸不平、颜色不一致的色斑，而且果实膨大不正常。

（2）**防治方法**　播种时用 10% 磷酸三钠浸种消毒。春季育苗要早，太迟遇气温高时秧苗易患病毒病；加强田间管理，及时防治蚜虫等；发病初期用 1% 香菇多糖水剂 400 倍液，或 1.5% 氨基寡糖素水剂 700 倍液，或 0.003% 丙酰芸薹素内酯水剂 3 000 倍液喷雾防治，每隔 7～10 天喷 1 次，连续喷施 2～3 次，注意交替用药。

2. 白 粉 病

（1）**危害症状**　白粉病是南瓜发生最普遍的一种病害，主要危害叶片。被害叶片表面多被白色粉状物覆盖，致光合作用明显受阻，严重时叶片枯黄乃至焦枯，影响南瓜结瓜。

（2）**防治方法**　及时整枝理蔓，摘除老叶、病叶，注意通风换气，降低棚内湿度，适量增施磷、钾肥，增强植株抗病力。发病初期用 43% 戊唑醇悬浮剂 4 000 倍液，或 70% 硫磺·多菌灵可湿性粉剂 600～800 倍液，或 12.5% 腈菌唑乳油 1 000～1 200 倍液，或 25% 吡唑醚菌酯乳油 2 500～3 000 倍液，或 50% 醚菌酯干悬浮剂 3 500 倍液喷雾，每隔 3～6 天喷 1 次，连续喷施 3～6 次。

3. 炭 疽 病

（1）**危害症状**　炭疽病在南瓜生长各阶段均可发病，严重降低南瓜产量。幼苗期发病，病苗子叶上出现褐色圆形病斑，蔓延至幼茎茎基部缢缩而造成猝倒。成株期发病，病叶初呈水渍状圆形病斑，后呈黄褐色，最后变成黑色，病斑蔓延茎周围，则植株枯死。果实病斑初呈暗绿色水渍状小斑点，扩大后呈圆形或椭圆形、暗褐至黑褐色，并凹陷、龟裂，湿度大时中部产生红色黏质物。

（2）**防治方法**　用 70% 甲基硫菌灵可湿性粉剂 800 倍液 +50% 咪鲜胺可湿性粉剂 1 000 倍液喷雾，在幼果膨大初期至转色初期每 7 天喷 1 次，连续喷 2～3 次。

（七）采收与贮藏保鲜

通常情况下，在瓜皮由黄白色转至淡橙黄色并呈现蜡光、手压无下陷感时采收。奶油南瓜连续结果性强，及时采收可减轻植株营养负担，防止功能叶早衰，有利于后续坐瓜和瓜膨大。出口瓜标准：重量0.5～2千克，无明显伤疤和病斑，瓜柄长度小于1厘米。装筐时瓜柄朝筐外侧，以免戳伤瓜皮。在装箱上船前，需用锉刀把瓜柄棱角锉平，并用消毒液处理，晾干后装箱。

三、芦笋

（一）生物学特性

芦笋为须根系，由肉质储藏根和须状吸收根组成。肉质储藏根由地下根状茎节发生，多数分布在距地表30厘米左右的土层内，其寿命较长，只要不损伤生长点，每年可以不断向前延伸，一般可伸长2米左右，起固定植株和储藏养分的作用。肉质储藏根上发生须状吸收根，须状吸收根寿命短，在高温、干旱、土壤过酸或过碱、水分过多、空气不足等不良环境条件下，随时都会发生萎缩。芦笋的茎分为地下根状茎、鳞芽和地上茎3部分，地下根状茎是变态茎，一般呈水平生长，当分枝密集后，新生分枝向上生长，肉质储藏根着生在根状茎上。根状茎有许多节，节上的芽被鳞片包着，故称鳞芽。根状茎的先端鳞芽多聚生，形成鳞芽群，鳞芽萌发形成鳞茎产品器官或地上植株。地上茎是肉质茎，其嫩茎即为产品。芦笋地上茎的粗细，因植株的年龄、品种、性别、气候、土壤和栽培管理条件不同而异。一般幼龄株或老龄株的茎较成年株的茎细，雄株较雌株细。高温、肥水不足、植株衰弱及不培土抽生的茎较细。地上茎的高度一般为1.5～2米，高的可达2米以上。雌株多比雄株高大，但发生的茎数少，产量低；雄株较雌株矮，但发生的茎数多，产量高。芦笋的叶片分真叶和拟叶2种，真叶是一种退化了的叶片，着生在地上茎的节上，为三角形薄膜状的鳞片；拟叶是一种变态枝，簇生，针状。芦笋雌雄异株，虫媒花，花小、钟形，萼片及花瓣均为6枚。雄花淡黄色，花药黄色，有6个雄蕊。雌花绿白色，花内有绿色蜜球状腺。果实为浆果、球形，幼果绿色，成熟果赤色，果内有 3 个心室，每室内有 1～2 个种子。种子黑色，千粒重 20 克左右。

芦笋生长的适宜温度为 15℃～20℃，春季地温回升至 5℃以上时，鳞芽开始萌动；10℃以上嫩茎开始伸长；15℃～17℃最适于嫩芽形成；25℃以上嫩芽细弱，鳞片开散，组织老化；30℃时嫩芽伸长最快；35℃～37℃植株生长受到抑制，甚至枯萎进入夏眠。芦笋每年萌生新茎 2～3 次或更多，一般以春季萌生的嫩茎供食用，其生长依靠根中前年储藏的养分供应。嫩茎的生长和产量的形成，与前年茎数和枝叶的繁茂程度呈正相关。随植株年龄增长，发生的嫩茎数和产量逐年增多，一般定植后的 4～10 年为盛产期。随后根状茎不断发枝，株丛发育趋向衰败，地上茎日益细小，嫩茎的产量和质量逐渐下降。

芦笋对温度的适应性很强，既耐寒又耐热，从亚寒带到亚热带均能栽培，在高寒地带也能安全越冬，但最适于温带栽培。芦笋在土壤疏松、土层深厚、保肥保水、透气性良好的肥沃土壤上生长良好。能耐轻度盐碱，但土壤含盐量超过 0.2% 时，植株发育受到明显抑制，吸收根萎缩，茎叶细弱，逐渐枯死。芦笋对土壤酸碱度的适应性较强，pH 值为 5.5～7.8 的土壤均可栽培，但以 pH 值 6～6.7 的土壤最为适宜。芦笋蒸腾量小，根系发达，比较耐旱，但极不耐涝，积水会导致根腐病而死亡。故应栽植在高燥地块，并注意雨季排水。

（二）主栽品种

1. 阿波罗

美国加利福尼亚芦笋种子公司选育，产品外形与品质均佳，在国际市场上极受欢迎，是速冻出口的上佳品种。抗叶枯病、锈病。在我国北方地区定植后第二年每 667 米^{2}产量可达 300～350 千克，成年笋每 667 米^{2}产量可达 1 200～1 500 千克。

2. 格兰德

美国加利福尼亚大学选育而成的中熟品种。株型高大，嫩茎粗大，单茎重 23.6～27.6 克，丰产性好。对镰刀菌和锈病有较高的耐性，不感染芦笋 2 号潜伏病毒。成年笋每 667 米^{2}产量 1 500 千克左右。

3. 阿特拉斯

美国加利福尼亚州培育而成的杂交一代品种。适应性强，丰产性好，单茎重 24.5～24.8 克。高抗芦笋锈病，不感染芦笋 2 号潜伏病毒。绿、白笋兼用型，成年笋每 667 米^{2}产量 1 000 千克左右。

4. 鲁芦笋 1 号

山东省潍坊市农业科学院采用有性杂交与组织培养相结合的方法培育的新品种。植株生长旺盛，叶深绿色，笋条直、粗细均匀，肉质细嫩，空心率低，抗茎枯病能力强，适合高肥水栽培。成年芦笋每 667 米^{2}产量达 1 300 千克以上。

5. 紫色激情

美国加利福尼亚芦笋种子公司育成的第一个多倍体紫色芦笋品种。笋顶端略呈圆形，鳞片包裹紧密，嫩茎紫罗兰色，即使培覆土中不见日光，顶端也呈淡紫色或紫红色。第一分枝高约 63 厘米，高温条件下散头率较低，抗病性好，但易受害虫侵袭。植株生长势中等，单枝粗壮，但抽茎较少，产量形成比较晚，休眠期较长。嫩茎粗大、多汁、微甜，质地细嫩，纤维含量少，口味鲜美，气味浓郁。成年笋每 667 米^{2}产量 750～1 200 千克。

6. 新 王 子

山东省潍坊市农业科学院采用有性杂交与组培技术相结合选育的芦笋新品种。植株生长旺盛，叶色深绿，笋条直、粗细均匀，抗茎枯病能力强，成年笋每 667 米^{2}产量可达 1 750 千克以上。白、绿笋兼用型，适合我国华北地区种植。

7. 芦笋王子

从美国引进的高产优质芦笋杂交一代新品种。生长势强，丰产性好，萌芽性早，株丛生长发育快、成园早，产量形成早，初年产量高，增产潜力大，精笋率高达 95%。单株抽发嫩茎数多而肥大，嫩茎整齐一致，笋顶鳞片抱合紧密，不易散头和变色，品质极佳。

（三）播种育苗

芦笋繁殖方法有分株繁殖法和种子繁殖法2种。分株繁殖法是通过分割优良种株的地下茎栽于大田，其优点是植株间的性状整齐一致，缺点是定植后生长势弱、产量低、寿命短。种子繁殖法繁殖系数大、生长势强、产量高、寿命长，生产中多采用此法。种子繁殖法又分直播法和育苗法2种方式。直播植株具有生长势强、株丛生长发育快、始产早、初年产量高的优点，缺点是出苗率低、用种量大、苗期易滋生杂草、管理困难、成本高，根株分布浅容易倒伏，经济寿命短。因此，生产中最常用的方法是育苗移栽，此法便于苗期精心管理，出苗率高，用种量少，可以缩短大田的根株养育期。芦笋按其苗龄长短分小苗和大苗2种，小苗苗龄为60～80天、苗高30～40厘米、茎数3～5个，一般于寒冷季节在保护地中播种，终霜后定植于大田，有利于延长年内的生长季节。这种小苗定植方便、省时、省工，且不会伤根，不易感染土壤病害，栽后的植株生长发育迅速，可极大缩短株丛养成期。小苗在长江流域及华北地区一般于2～3月份播种，5月份定植，翌年即可开始采收。但在定植初年，田间枝叶覆盖度低，易受草害。且栽植浅，植株容易倒伏。因此，在栽培管理上要注意防除杂草，并进行多次培土。大苗又称1年生苗，一般苗龄长达5个月，在高寒区需1年。大苗的优点是便于苗期管理和茬口安排，可以深植，长出的地上茎粗大、茎数较少，不易倒伏，栽植初年的枝叶覆盖度大，杂草少。但起苗和定植都很费力费工，且伤根重，易感土壤病害，栽植后根株生长发育慢，成园迟，初年产量和总产量均较低。但在年生育期短的寒冷地区可缩短大田株丛养成期，在干旱区定植成活率高。因此，寒冷地方及年降水量少的地区，可用此法育苗。大苗株高为70～100厘米，肉质根12～30条，根株重20～60克。芦笋可以露地直播育苗，也可以在保护地播种育苗或营养钵育苗。

1. 露地育苗

（1）**苗圃地准备**　选择苗圃地时需要从以下 3 个因素考虑：一是适于芦笋根系发育，有利于苗株生长，同时容易起苗、分苗。以土质疏松、富含有机质、地下水位低、排水好、保水力较强、pH 值为 5.8～6.7 的微酸性土壤为宜，不要选择黏性土质育苗；否则，株间肉质根相互交缠，起苗、分苗费工，并易导致严重伤根。二是要选择无立枯病和紫纹羽病等病菌的土壤，果园、桑园或前茬栽培胡萝卜、棉花、苎麻等作物的土地均不宜作育苗地，更不宜与芦笋连作。三是芦笋苗生长极慢，易滋生杂草，因此要选择杂草少的土地，尤其不能用有多年生杂草的土地。播种前结合整地每公顷施腐熟厩肥 30 000 千克，土壤酸度大时再撒施消石灰 1 130 千克，以矫正土壤酸度。育苗地要求浅耕，以免根系入土太深，不利于起苗。为防治地下害虫，整地时每公顷撒施 5% 辛硫磷颗粒剂 15 千克，混在土中，整平耕细后做 1.5 米宽的高畦，挖排水沟，以便于排灌。大苗苗圃与大田比值一般为 1∶10。

（2）**种子处理**　将种子放入 50% 多菌灵可湿性粉剂或 70% 甲基硫菌灵可湿性粉剂 400 倍溶液内，在 25℃～30℃条件下浸泡消毒 24 小时，用清水淘清后，再将种子放在 30℃左右的温水中浸泡 2～3 天。等种子充分吸水后，用纱布或毛巾包裹放在温箱或暖和的地方催芽，催芽期间要经常喷水或漂洗，2～3 天后种子破口露白即可播种。

（3）**适时播种**　芦笋播种育苗的时期应根据种子发芽对温度条件的要求、苗株生长发育规律及各地生态条件、育苗栽培方法的不同而定。①根据种子发芽对温度的要求。芦笋种子发芽始温为 5℃，适温为 25℃～30℃，高于 30℃时其发芽率、发芽势明显下降。因此，露地育苗应在地温 10℃以上时开始播种，但地温超过 30℃有碍种子发芽和幼茎生长，不宜播种。一般北方地区芦笋生长季短，只进行春播（3～4 月份）；南方除春播外，还可进行秋播（8～9 月份）。②根据苗株生长所需的积温标准决定播种日期。一般标准大苗的生长积温为2 500℃～3 000℃，在寒冷地带因年生育期短，应争取春季早播；否则，会因生育期不足苗小，越冬期易遭冻害。生长季节长的地区应推迟播种，以免苗株过大。③在无霜害的前提下，小苗定植越早，年内生育期越长，根株发育越健壮，积累储藏养分越多，翌年春季收获的产量也越高，并可连续影响以后年份的产量。因此，小苗的理想播种育苗期应在终霜前或安全定植期前60～80天进行播种。

露地直播育苗，一般大苗的行距为40～45厘米、穴距为10厘米；小苗的行距为20～30厘米、穴距为5～7厘米。每穴播2粒种子，粒距约3厘米。每公顷苗可移栽7～10公顷大田。播种时，先按行距挖3厘米深的播种沟，然后按株距播种子，播种覆土1～3厘米厚，稍做镇压。

（4）苗期管理　展叶齐苗1周左右，每穴有2株苗的拔除1株，缺株穴用间拔下的苗补植，或以预先准备的小苗补植。芦笋幼苗生长缓慢，而且行距大，易滋生杂草，需经常中耕除草或喷洒除草剂予以防除，一般每公顷苗地可用50%利谷隆可湿性粉剂1.5千克，加水1 500升，于播种后3～5天喷洒畦面及畦沟。芦笋生育期间遇干旱天气时应注意浇水，以免受旱害，一般5～7天浇1次水。在多雨季节，应注意开沟排水，勿使田间积水，否则不仅不利于根系发育，还易诱发病害。芦笋出苗初期极易受地老虎、金针虫、蛴螬、蝼蛄等地下害虫的危害，7～8月份常会遭受斜纹夜蛾等夜蛾类害虫的毁灭性危害，苗期最普遍的病害是茎枯病、褐斑病，应及时进行防治。苗期追肥2次，第一次于第一枝幼茎展叶后进行，第二次追肥在第一次追肥后的20天左右进行，每次每公顷结合浇水施尿素105～150千克。

2. 保护地育苗

在塑料棚等设施条件下进行保护地育苗，如果用营养钵育小苗，最好配制营养土。营养土要求肥沃、疏松，既保水又透气，土温容易升高，无病菌、害虫和杂草种子。一般用洁净园土5份、腐熟堆厩肥 2～3 份、河泥 1 份、草木灰 1 份、过磷酸钙 2%～3%，充分混合均匀，用 40% 甲醛 100 倍液喷洒后堆积成堆，然后用塑料薄膜密封。如果土壤酸度大，还需加撒石灰进行改良。堆制应在夏季进行，至翌年播种前将营养土盛于直径 6～8 厘米的营养钵中。每钵播 2 粒种子，粒距约 3 厘米，覆土 1～2 厘米厚，出苗后每钵留 1 株苗。若直接播种于苗床上，为便于起苗、减轻伤根，应扩大行距，通常行距为 20 厘米、粒距为 5 厘米。床土最好用配制的营养土，以利根株发育和起苗。

营养钵育苗或直接播种于苗床的，其苗期管理均以温度、水分管理为中心。从播种至出苗阶段，除供给充足水分和床面或营养钵覆膜保湿外，还应将棚膜四周密封保温，尽量保持较高的棚温，以加速出苗。出苗后注意打开地膜进行通风换气，降低温度，以免幼茎徒长，致使倒伏。随着外界气温上升，应加大通风换气量。夜间盖上棚膜并覆盖草苫，以免霜害和冻害。一般白天床温保持在 25℃ 左右，最高温度不超过 30℃，夜间最低温度保持在 12℃～13℃。由于经常通风换气，床土极易干燥，营养钵苗更易失水，故应经常浇水，可 3～5 天浇 1 次水。保护地育苗苗期追肥同露地育苗。间苗在第二枝幼茎将发生时进行，每钵（穴）择优选 1 株。间苗时应撬松营养土，连根拔除，否则残留的根株仍会抽生茎叶。当苗高 25 厘米以上、茎数有 3～5 枝即可定植。定植前应进行揭膜炼苗，使秧苗处在露地条件下，并控制供水，使秧苗健壮，利于适应大田环境，以缩短缓苗期，早发新根。

（四）整地定植

1. 整　地

（1）栽培地的选择　芦笋是多年生宿根作物，种植后有连续 10 多年的经济寿命，因此种植芦笋比一般农作物的选地更需慎重。在疏松深厚的沙质土壤中，植株的肉质根多而且长、粗；在黏性重的土壤中，肉质根少而且短、细。因此，种植芦笋以土质疏松、通气性好、土层深厚、排水良好、保水保肥的沙土或壤土最为适宜。芦笋种植要求耕作层有 30 厘米深，而且底土松软，pH 值为 5.8～6.7 的微酸性土壤。不能在地下水位高的地方种植，这是因为芦笋根系深达地下 2～3 米，地下水位高时，根系难以向下伸展，而且易引起根系腐烂。芦笋不能在水稻田的近邻种植，否则会因水田渗水，土壤长期过湿，影响根系的发育和植株的生长。在石砾多的土地上种植芦笋易使嫩茎弯曲，降低产品的质量。在前茬为桑园、果园、番茄的地块种植芦笋，易发生紫纹羽病。

（2）**整地与土壤改良** 种植芦笋旱地要深翻 30 厘米，水田则需更深一些，这样打破犁底层，有利于雨水渗滤，可避免田间积水。定植前结合深翻每 667 米^{2}撒施腐熟堆肥 5 000 千克、过磷酸钙 80 千克，将过磷酸钙与堆厩肥混合后施入土中。

2. 定　植

（1）**定植期** 定植期分春植、秋植和生长期定植。春植在春季根株休眠期刚结束、鳞芽开始活动，但尚未萌芽时进行。秋植在晚秋茎叶刚枯黄，根株开始休眠时进行。生长季定植在茎叶生长发育期间进行。至于选择何时定植为宜，则应根据各地气候条件、育苗方式、作物茬口等情况而定。1 年生大苗一般为春植或秋植，冬季寒冷的地方，因苗株耐寒性弱，起苗时受伤的苗株经不起严寒，宜春植。冬季气候温和的长江流域等地，则以秋植较好。而在冬季没有休眠期的华南地区，无论春植和秋植均为生长季定植。但从芦笋植株的生长节律来看，宜在早春定植。这是因为从 12 月份至翌年 2 月份，植株生理上有一个不明显的休眠期，鳞芽萌发少，定植成活率自然较高。小苗栽植均在生长季进行，注意要带土定植，以减少伤根，栽植应避开雨季；否则，起苗受伤的苗株，极易感染病害，造成缺株、断垄。

（2）**起苗** 为了减轻起苗过程中伤根，应在土壤干湿适宜时掘苗，便于将根系固结的泥土抖落下来，达到逐株自然分离。挖苗应深一些，尽量将肉质根留长一些。起苗后应避免风吹日晒，以免肉质根干枯，影响定植成活率和植株的生长。芦笋定植后苗株不仅靠原有根系吸收矿质养分和水分，更依赖肉质根系的储藏养分供应植株的再生长。若起苗时伤根严重，对定植苗的再生长会造成很大的影响；根系损伤少，则储藏养分多，吸收功能好，定植苗生长健壮，早年嫩茎产量较高。生产中最好边起苗、边分级、边定植，切忌长距离运输或隔天定植。在不得已无法及时定植时，可将幼苗置于塑料编织袋中保持湿度，但最多不要超过 3 天。

（3）**选苗与分级**　生产实践表明，选择优质的苗株定植，可使单位面积产量提高数十倍。选苗时可根据苗株茎枝形态鉴别优劣，如苗茎粗大，则有生长粗大嫩茎的可能；第一分枝离地高，则嫩茎顶部鳞片一定包裹密，不易开散；分枝与主茎的夹角小，则嫩茎顶部鳞片也不易开散；主茎直立，断面圆整，分枝上方主茎上的纵沟浅，则嫩茎多圆整。将苗分级栽培的主要目的是便于田间管理，避免生长发育速度快的植株影响生长慢的植株。生长季长的大苗，一般根据根株重量或肉质根数分级，凡根株重 40 克以上、根数在 20 条以上的为一级苗；根株重 20～40 克、根数 10～20 条者为二级苗；根株重 20 克以下、根数少于 10 条者为劣质苗。由于各地气候、土壤条件不同，管理水平也不同，苗株发育速度会有显著差异，生产中分级时应根据实际情况，将处于平均值以上者列为一级苗；近于平均值的列为二级苗；明显低于平均值的为劣苗，劣苗应予淘汰。生长季短的小苗，可依据株高、茎数、茎粗、根数等综合因素决定分级标准。

（4）**栽植密度**　芦笋栽植密度对株丛发育、嫩茎数量和质量及单位面积的产量变化均有很大影响。一般稀植的株丛发育快，单株收获量增长快，嫩茎粗，质量好。增加栽植密度不利于株丛发育，影响单株产量的增长，早年单位面积产量较高；以后随株龄的增长其差距日趋缩小，但多年累计产量仍明显超出稀植，而且在一定范围内，对嫩茎质量没有明显影响。当密度超过一定范围后，尤其是双行栽培芦笋，由于株间竞争加剧，嫩茎的质量会受到严重影响，且由于茎叶过茂，田间通风透光不良，下部枝叶容易黄化落叶，导致病害蔓延。因此，最适宜的栽植密度是在不使嫩茎变细的前提下提高单位面积的产量。在确定栽植密度时，除栽培白芦笋需培土软化，为取土方便而扩大行距外，还应根据各地有效生育期长短、雨量、土壤肥力、栽培管理等多种因素来决定。有效生育期短、土壤瘠薄、降雨少可提高密度，有效生育期长、土壤肥沃、雨水充沛、株丛生育容易过旺、病害多则应稀些，特别应扩大行距，以利于通风透光和便于控制病害蔓延。生育期长的、留母茎采收的，由于延长了采收期，株丛生育期缩短，避免了株丛生育过于茂盛现象，则可缩小株行距。生产中种植白芦笋一般行距1.6～1.8米、株距30～35厘米、每667米^{2}种植1000～1200株；绿芦笋行距1.4～1.5米、株距20～25厘米、每667米^{2}种植1600～1800株。为避免株间剧烈竞争，不宜进行双行密植。多雨、土壤透气性差宜浅栽，少雨、气候干燥、土质疏松宜适当深栽，一般以10～15厘米深为宜。刚栽植时覆土厚度只需3～6厘米，当新的地上茎长出后，应分次覆土。

（五）田间管理

1. 定植当年

芦笋定植后因植株矮小，应及时中耕除草。如天气干旱，应适时浇水。在下霜前1个月开始控制水分，以抑制地上部分生长，把营养转入地下根茎储藏。汛期应及时排涝，严防田间积水沤根死苗。一般定植1个月后结合浇水每667米^{2}追施尿素10～15千克。8月份以后，芦笋进入秋季旺盛生长阶段，应重施秋发肥，促进芦笋在8～10月份迅速生长，为翌年早期丰产奠定基础。秋发肥一般每667米^{2}施腐熟有机肥2～3米^3、三元复合肥50千克、尿素10千克，可在距植株40厘米处开沟条施。入冬后，芦笋地上部分开始枯萎，其植株内营养向地下根部转移，冬末至翌年春初的2月份，应彻底清理地上植株，以减少病害菌源。

2. 定植第二年及以后采笋年

（1）科学运筹"三肥" "三肥"即催芽肥、壮笋肥和秋发肥。具体做法：3月份结合垄间耕翻、培土（分次进行）施好催芽肥，每667米^{2}施土杂肥2～3米^3、芦笋专用肥50千克，以满足鳞芽及嫩茎对无机营养的需求。一般夏笋产量占全年总产量的2/3，所以6月上中旬应施壮笋肥（接力肥），每667米^{2}可施尿素10～15千克，此次施肥起接力作用，可延长采笋期，提高中后期笋产量。8月上中旬采笋结束后，结合回土平垄，重施秋发肥，每667米^{2}可施土杂肥2～3米^3、芦笋专用肥100千克、尿素10千克，促进芦笋健壮秋发，为翌年优质高产积累营养，培育多而壮的鳞芽。芦笋生长期长，采笋期间保持土壤湿润，嫩茎生长快、品质好、产量高，此期干旱应适时浇水。汛期注意排除涝渍，以防高温烂根等病害发生。

（2）加强田间管理 芦笋茎枯病、褐斑病是危害芦笋的主要病害，发病快、危害严重，目前尚无特效药防治。实践证明，采取适当的农艺措施，辅之药剂防治，可取得事半功倍的效果。

①适时摘心防倒伏 芦笋植株可高达1.5米以上，若任其生长，则严重影响通风透光，田间湿度大，病害重，且植株易倒伏。在植株高100厘米左右时适时摘心，有利于集中营养，促地下根茎生长。有条件的可拉铁丝，确保植株不倒伏。

②及时清洁田园 清洁田园降低侵染源，是防治茎枯病的有效方法之一。2月份全面清理田间茎秆，清扫病残枝叶并集中烧毁处理；8月上中旬采笋结束后，结合回土平垄，彻底清理残桩和地上母茎，并对鳞芽盘喷药杀菌消毒；秋发阶段，定期摘除田间病残枝叶，可极大地减轻病害发生。

③留母茎采笋，延长采笋期 定植后第二年的新芦笋田块只宜采收绿芦笋，一般4月上中旬长出的幼茎，作为母茎留在田间不采，以供养根株。以后再出的嫩茎开始采收，采收期长短据上年秋发好坏而定，一般可采收30～50天。进入盛产期的芦笋田块，5月上中旬前出生的嫩茎可全部采收。5月上中旬视出笋情况每穴留2～3

根母株后，可采收至 8 月上中旬。采收白芦笋的田块一般于 5 月上中旬开始留母茎，每株层留 1～2 根，可连续采收至 8 月上中旬。当母茎长至 50 厘米高时，摘去顶梢，抑制其伸高，防止倒伏。摘除雌花和幼果，以免消耗过多养分。这种留母茎采笋不仅增加了笋农收益，而且避开了 7 月份高温高湿天气造成的发病高峰，减少了用药次数，降低了成本。

④合理施肥　增施有机肥和磷、钾肥，适当控制氮肥用量，有利于疏松土壤，促进芦笋茎叶健壮生长，提高抗病能力。

（六）病虫害防治

1. 茎 枯 病

（1）**危害症状**　发病期，在距地面 30 厘米处的主茎上出现浸润性褐色小斑，而后扩大呈棱形淡青色至灰褐色病斑，有时多数病斑相连成条状。病斑边缘红褐色，中间稍凹陷呈灰褐色，上面密生针尖状黑色小点。空气干旱时病斑边缘清晰，不再扩大成为慢性型病斑；若天气阴雨多湿，病斑可迅速扩大蔓延，致使上部的枝茎枯死。在小枝梗和拟叶上发病，则先呈褪色小斑点，而后病斑边缘紫红色中间灰白色并着生小黑点。感病小枝易折断或倒伏，茎内部灰白色、粗糙，以致枯死。在多雨有风的条件下传播迅速，雨水飞溅也可传染。空气传染是大面积发病的主要原因，田间蔓延的方向和发病速度常受风的影响。此外，地势低洼、土质黏重、氮肥过多等，均易导致该病发作。

（2）**防治方法**　①选择地势高燥、排水良好的地段栽培。②清洁田园，割除病茎，带出田外烧毁或深理。③田间覆盖地膜，控制氮肥，防止生长过旺。④药剂防治。发病初期用 70% 甲基硫菌灵可湿性粉剂 800～1000 倍液，或 45% 代森铵水剂 1000 倍液喷施防治，每 7～10 天喷 1 次，连喷 2～3 次。

2. 褐 斑 病

（1）**危害症状**　在枝茎和拟叶上发病，感病处有大量赤褐色小型病斑。随着病斑的逐渐扩大，在中央部位先变成淡褐色，再转为灰色，后期生霉层，并有紫褐色轮纹，病斑外缘有黄色晕轮。多数椭圆形病斑扩大相连成不规则病斑，病斑绕茎合围，则上方枝茎干枯。天气潮湿时，可生出白霉，以致拟叶早期脱落，植株长势急速衰降。该病由真菌引起，靠空气传播，在高温条件下发病严重。

（2）**防治方法** 同茎枯病。

3. 菌 核 病

（1）**危害症状** 幼茎多在靠近地面处发病，病斑先褪色而后变褐，继而生出黑色菌核。该病由真菌引起。

（2）**防治方法** 同茎枯病。

4. 根 腐 病

（1）**危害症状** 发病后茎基部的皮层腐烂，吸收根受到破坏导致主茎变黄，植株病变。该病是由多种病原菌致病的病害，主要由土壤传播。

（2）**防治方法** 幼苗定植时用50%苯菌灵可湿性粉剂400～500倍液浸根15分钟。

5. 立 枯 病

（1）**危害症状** 苗期从地面稍上的茎处形成发红且略带紫色的病斑，以致全株枯死。采笋时伤口亦可侵染，严重时全株死亡。

（2）**防治方法** 同根腐病。

6. 锈 病

（1）**危害症状** 主要危害茎部及拟叶。夏季危害为橙色锈斑，表皮破裂后散出橙色粉末；秋季为暗褐色病斑。拟叶会因此而早期脱落，严重时整株变色枯死。空气潮湿、通风不良时易发此病。

（2）**防治方法** 清洁田园，加强通风和排水。发病初期可用75%百菌清可湿性粉剂800倍液，或50%克菌丹可湿性粉剂800倍液喷施。

7. 虫害防治 芦笋主要受蛴螬、蝼蛄、种蝇、金针虫等地下害虫危害。可用25%敌百虫乳油与5倍细土拌匀做成毒土，或用90%

晶体敌百虫 30 倍液与麦麸或豆饼拌匀做成毒饵，撒在田间诱杀害虫。也可结合叶面施肥喷施 80% 敌敌畏乳油 800 倍液防治成虫。

8. 白笋变色 白芦笋作为罐头加工原料，是在收获前经培土软化长成的。一般培土采收的芦笋要求笋为白色或乳黄色，若为绿色或笋尖为绿红色，称之为白笋变色。变色的原因：一是土壤过黏或过沙，前者土壤易龟裂，后者土壤孔隙大，均易造成缝隙透光而使芦笋见光变色。二是土壤温度高、干燥，培土易干裂或培土过松，土壤孔隙太大透光所致。防止措施：选用沙壤土种植，精耕细作，使土壤颗粒粗细均匀、水分适中、培土松紧一致。若地温过高应适当浇水，增加土壤湿度，减少龟裂。有条件的采用覆黑膜代替培土进行软化栽培，效果更好。

9. 畸形笋、空心笋与嫩茎开裂

（1）**畸形笋** 采收时芦笋嫩茎弯曲，粗细不均，横断面不圆或呈扁圆形等均为畸形。发生原因：一是施用没有腐熟的有机肥或一次施肥过多，影响嫩茎生长点的正常发育。二是土壤黏度大，土块多，培土松紧不一，妨碍了嫩茎的正常生长。三是嫩茎抽生时，遭受虫害等。防止措施：精细耕地，使土壤疏松，无石块、土块；培土要松紧一致，并注意防治地下害虫。

（2）**空心笋** 嫩茎中间组织呈空心状的为空心笋。发生原因：营养比例失调，缺少磷、钾肥，采笋期追施氮肥过多、植株徒长等。防止措施：采笋期要注意合理施肥，特别要注意追施磷、钾肥，不要单施氮肥，以确保地上部分生长粗壮。

（3）**嫩茎开裂** 采笋期，嫩茎纵向开裂成褐色深口，并引起腐烂。发生原因：土壤缺磷、钾肥，植株徒长；久旱遇大水，使嫩茎膨大过快而导致开裂。防止措施：注意增施磷、钾肥，浇水应均匀，忌忽干忽湿。

10. 异 味

芦笋味淡或苦味过重或有其他异味，影响商品价值。发生原因：受农药污染和浇灌城市废水，或被有毒废气和工业垃圾等污染。防止措施：培土时不要施用无机肥料；培土前后或采笋期，应严禁使用农药和浇灌工业废水。

（七）采收与贮藏保鲜

1. 芦笋采收

（1）**采笋期** 当地温稳定在 10℃以上、培土至采笋 15～20 天为芦笋采收适期，华北地区在 4 月上中旬开始采笋。采笋持续日期，依植株年龄、气候、土质、施肥管理等条件而异。当出笋数量减少并变细弱时，必须停止采收。采收期过长，则绿色茎枝的生长日期短，养分的吸收和积累减少，影响第二年嫩茎的产量，而且由于植株营养不良，还易发生病害和衰退。一般第一年采收期以 20～30 天为宜，第二年为 30～40 天，以后可延长至 60 天左右，无论何种情况，采收结束都应留给植株 90 天以上的恢复生长时间。

（2）**采笋工具** 采笋工具有采笋刀和盛笋器。采笋刀一般由碳钢制作，木制刀柄，刀刃锋利，刀身长约 10 厘米，刃宽约 2 厘米，刀身刻有长度标记，以防下刀深浅不一。盛笋器各地不同，但以三格提盒式较为方便，可将采笋与分级同步进行。三格提盒是用杨木或泡桐木等轻质木板制作，板厚约 1 厘米，盒长约 50 厘米，高、宽各约为 20 厘米。盒为 3 格，分放 3 个等级笋，中间一格较大，占盒长的 1/2，放一级笋；两端的两格各占盒长 1/4，分别放二级笋和等外笋，随采随分级盛放。

（3）**采笋方法** 采笋前先在垄面观察，发现垄面有龟裂或顶瓦现象，下面即有可采之笋。采收时用手轻扒垄土，露出嫩芽约 5 厘米，注意避免碰伤笋尖或其他生长中的笋芽。手捏笋尖下 3 厘米处，将刀在距嫩茎约 3 厘米处与地平面呈 70°～75°角插入土内，刀伸至刻度标记与嫩茎顶部相平时，按下刀同时向前伸，土内发出响声嫩茎即已割断，随即按级放入提盒内。采后用湿土将洞埋到比垄高出 5 厘米，再用手拍至与垄面高度一致。避免覆土过松过紧，否则再抽生的嫩茎会因土壤松紧不一而弯曲，或因透光、透气造成变色、老化、笋尖散头而失去商品价值。用此法采笋一般每人每天可采 1～2 公顷。采笋注意：不可损伤地下茎和鳞芽；产笋盛期可每天早、晚各收 1 次；采收绿芦笋应于嫩茎高 23～26 厘米时齐土面割下；每次采收无论笋好坏都应全部割取，否则遗留的嫩茎继续生长会消耗养分，影响产量。

2. 芦笋加工与贮藏保鲜 芦笋加工的工艺流程是：

绿芦笋原料收购与验收→加工清洗→分级切割→过秤捆扎→装箱→成品→贮存保鲜→运输销售

（1）加工技术 ①严格按照规定的长度和粗细标准进行挑选，剔除病笋、畸形笋和散头笋。②把收购的芦笋筛选进行初加工，按规定切长 24～27 厘米、粗 1 厘米以上，并除掉笋体上的泥土。然后笋头朝上置于塑料筐中，放入水槽，清洗干净。③分级应按照规定的规格进行，具体有 4 级，一级，每枝重 25～33 克；二级，每枝重 16～20 克；三级，每枝重 12～15 克；四级，每枝重 12 克以下。将分级后的芦笋按预先确定的规格长度进行切割，切去多余部分。切割时要求断面整齐清洁，芦笋基本不带白色。保鲜芦笋一般长度在 20～25 厘米，横径 1 厘米以上，每次切 4～6 枝。④称重、捆扎。装箱时用小天平或电子秤称重，按规格要求每 1 小扎芦笋重 100～250 克，把称好的芦笋用橡皮筋捆牢，再用国际通用的芦笋包装胶带把笋尖捆扎好，放入包装箱。包装箱常采用泡沫箱和纸箱，装箱后，在箱体印上名称、级别、重量等标识。

（2）贮藏保鲜 芦笋嫩茎采收后，常用差压式通风预冷法处理后装箱，及时放入冷藏库内，冷藏库温度以 0℃～2℃为宜。为防止嫩茎失水，冷库内空气相对湿度应保持在 90%～95%。

（3）运输销售保鲜 芦笋短距离运输 2～3 小时可用货车；长距离运输，特别是高温季节，应采用冷藏车，运输时间为 1 天的，温度控制在 0℃～5℃；运输时间 1 天以上的，温度控制在 0℃～2℃，以保证芦笋的鲜嫩度。

四、豌　豆

（一）生物学特性

豌豆属于 1 年生豆科植物，株高 90～180 厘米，全体无毛。小叶长圆形至卵圆形，叶长 3～5 厘米、宽 1～2 厘米，全缘；托叶卵形，基部耳状包围叶柄。偶数羽状复叶，顶端卷须，托叶卵形。花白色或紫红色、单生或 1～3 朵排列成总状腋生，花柱内侧有须毛，闭花授粉，花瓣蝴蝶形。荚果长椭圆形或扁形，根据内部有无内层革质膜及其厚度分为软荚及硬荚。种子圆形、圆柱形、椭圆形、扁圆形及凹圆形，每荚 2～10 粒，多为青绿色，也有黄白色、红色、玫瑰色、褐色、黑色的品种，干后变为黄色，分皱皮和圆粒 2 种。主根上生长着大量侧根，主根、侧根均有根瘤。

豌豆适应性强、分布广，在全国各地均有栽培，主要产区有四川、河南、湖北、江苏、青海等地。豌豆可作蔬菜炒食，籽粒成熟后又可磨成豌豆面粉食用，种子及嫩荚、嫩苗均可食用。因豌豆豆粒圆润鲜绿，十分好看，在食品加工上常用来作为配菜，以增加菜肴的色彩，促进食欲。荷兰豆就是豆荚用豌豆，炒食后颜色翠绿，清脆利口。豆苗是豌豆萌发出 2～4 片子叶的幼苗，鲜嫩清香，适宜做汤。豌豆依用途可分为菜用豌豆和粮用豌豆两大类，菜用豌豆的花一般为白色，托叶、叶腋间无紫红色，种子为白色、黄色、绿色、粉红色或其他淡色，软荚种的果实幼嫩时可食用，硬荚种的果皮坚韧，以幼嫩种子供食用。粮用豌豆的花一般为紫色，也有红色或灰蓝色，托叶、叶腋间、豆秸及叶柄上均带紫红色，种子暗灰色或有斑纹，所以又称"麻豌豆"，作为粮食与制淀粉用，常作大田作物栽培。本文介绍的是菜用豌豆。

豌豆喜冷凉湿润气候，耐寒不耐热，幼苗能耐受 5℃低温，生长期适温为 12℃～16℃，结荚期适温为 15℃～20℃，超过 25℃受精率低、结荚少、产量低。豌豆是长日照植物，多数品种的生育期在北方比南方短。华北地区豌豆早熟种生育期为 65～75 天，中熟种为 75～100 天，晚熟种为 100～185 天。豌豆对土壤要求不严格，在排水良好的沙壤土或新垦地均可栽植，但以疏松含有机质较高的中性（pH 值 6～7）土壤为好，有利出苗和根瘤菌的发育。土壤 pH 值低于 5.5 时易发生病害，而且结荚率降低，生产中应施石灰进行改良。豌豆根系深，耐旱而不耐湿，排水不良易烂根；但花期干旱会导致受精不良，容易形成空荚或秕荚。

（二）主栽品种

1. 农普 604

软嫩荚类型，生育适温 9℃～23℃。荚较大且平直，质嫩，纤维少，品质优良。标准荚长约 9 厘米、宽约 1.6 厘米，单荚重 2.5～3 克，适宜鲜食及冷冻加工。播种至初收 60 天左右，可延续采收 70～80 天。该品种适应性较广，较耐旱耐寒，较抗白粉病。

2. 旺农 604

播种至初收约 60 天，株高 1.8 米以上。荚较平直，质嫩，品质好，荚长约 9 厘米、宽约 1.7 厘米。产量高，适应性广，耐旱耐寒，抗白粉病，是目前加工出口和市场鲜销的优良品种。

3. 海 绿 甜

蔓生，株高 180 厘米以上，无限生长型，花白色，籽粒绿色、扁圆形，荚长 8～10 厘米、宽 1.5～2 厘米，深绿色，荚大且多汁甜脆。

4. 农 普 甜

软荚类型，蔓生。性喜冷凉气候，生育适温 9℃～23℃。标准荚长约 9 厘米、宽约 1.6 厘米，荚较大平直、脆嫩，纤维少，品质优良，适宜鲜食及冷冻加工。较耐寒耐旱，较抗白粉病。播种至初收 60 天，可延续采收 70～80 天，每 667 米^{2}产量 1 000～1 200千克。

（三）整地播种

1. 整 地

豌豆要实行 3～5 年或以上的轮作，一般以土质疏松肥沃、酸性较小的土壤为好。根据地力情况整地时结合耕翻每 667 米^{2}施腐熟农家肥 2 000～3 000 千克、过磷酸钙 20～30 千克、硫酸钾 6～10千克或草木灰 50～60 千克，肥力不足的再增施尿素 5～10 千克。豌豆播种时要求土壤有足够的底墒，土壤湿度以手握成团、落地散开为宜，过干过湿均不利于出苗。若土壤干燥，应在播种前 5～7天浇 1 次水。一般做平畦，低洼处可做高畦。

2. 播 种

（1）播种时间 菜用豌豆是喜冷凉的长日照作物，不耐热，我国华北一般春播夏收。由于豌豆对日照长短要求不严格，只要选择适宜的品种，在长江流域也可进行春季及秋季栽培。春季栽培在华北地区春播夏收，一般 4 月份播种，根据需要可用小棚、地膜等覆盖早播。春季栽培生长期短，前期低温，后期高温，因此要选择生长期短的耐寒品种，并尽量早播。长江中下游地区在 2 月下旬至 3月上旬播种，高温来临前收获。秋季栽培宜选择早熟品种，于 9 月初播种，11 月下旬寒潮来临之前采收完毕。秋季栽培生长期也较短，可以通过夏季提前在荫棚内育苗，冬季用塑料薄膜覆盖延长生长期。越冬栽培是长江中下游地区最主要的栽培形式，一般利用冬闲地，特别是利用棉花收获后的棉田，既可以棉花秆作天然支架，又可达到增收养地的目的。越冬栽培一般于 10 月下旬至 11 月中旬播种，露地越冬，翌年 4～5 月份采收。需要注意的是播种过早，冬前生长过旺，冬季寒潮来临时容易被冻死；播种过迟，在冬前植株根系没有足够的发育，翌年春抽蔓迟，产量低。

（2）**播种方法**　菜用豌豆一般直接播种，播种前用40%盐水选种，除去上浮不充实的或遭虫害的种子。豌豆用根瘤菌拌种是增产的有效措施，根瘤菌拌种后根瘤增加，茎叶生长旺盛，结荚多，产量高。一般每667米^{2}播种量为10～15千克，可用根瘤菌10～19克，加水少许与种子拌匀后便可播种。豌豆采用点播，行距10～20厘米，株距约5厘米，每穴播2～6粒种子，土壤湿润时覆土5～6厘米厚，土壤干燥时覆土应再稍厚些。

出苗后，应及时查苗补苗。豌豆出苗后一般不需要疏苗、定苗，每穴苗过多时，除去弱小病、残苗，保留壮苗即可。

（四）田间管理

播种后要浅松土数次，以提高地温促进根生长。秋播栽培的，越冬前进行1次培土，越冬保温防冻，翌年开春后及时松土除草，提高地温。豌豆开花前，浇小水追速效氮肥，每公顷可追施尿素75～112千克，加速植株生长，促进分枝，追肥后松土保墒。茎部开始坐荚时，浇水量应稍加大，每公顷追施磷、钾肥150～225千克、过磷酸钙30～45千克，磷肥的增产效果尤其明显。结荚盛期要经常保持土壤润湿，以保证果荚发育所需水分，喷施磷、钾肥，特别是喷施硼、锰、钼等微量元素肥料，增产效果显著。结荚后期，豆秧封垄，应减少浇水。蔓性种植株高30厘米时开始支架。豌豆分批采收，每采收1次结合浇水追肥1次，每次每667米^{2}可追施尿素7.5千克、三元复合肥20～25千克。

（五）病虫害防治

1. 茎腐病

（1）**危害症状**　危害豌豆茎基部及茎蔓。被害茎部初现椭圆形褐色病斑，绕茎扩展，终致茎段坏死，呈灰褐色至灰白色枯死，上部托叶及小叶也逐渐枯萎。后期枯死茎段表面散生小黑粒病征。

（2）**防治方法**　发病初喷施 70% 代森锰锌可湿性粉剂 800 倍液，连喷 2～3 次或更多，每隔 10～15 天喷 1 次，前密后疏，交替喷施，着重喷茎基部。

2. 花 叶 病

（1）**危害症状**　全株发病，病株矮缩，叶片变小、皱缩，叶色浓淡不均，呈镶嵌斑驳花叶状，结荚少或不结荚。该病由多种病毒单独或复合浸染所致，病毒在寄主活体上存活越冬，由汁液传染，也可由蚜虫传染，种子也能传毒。一般利于蚜虫繁殖活动的天气或生态环境利于发病。

（2）**防治方法**　早期发现病株及时拔除，并喷药防治蚜虫，药剂可选用 50% 抗蚜威乳油 2 000 倍液，或 10% 吡虫啉可湿性粉剂 1 500 倍液，每 8～10 天喷 1 次，连喷 2～3 次。

3. 白 粉 病

（1）**危害症状**　叶面初见白粉状淡黄色斑点，然后逐步扩大呈不规则小斑，斑点之间互相融合，叶面被白粉覆盖，被害叶片逐渐枯黄，然后逐步扩展到茎、荚，致使茎部枯黄，嫩荚干枯直至死亡。日暖夜凉多露的潮湿环境易造成病害流行。

（2）**防治方法**　用 75% 百菌清可湿性粉剂 600 倍液，或 12.5% 腈菌唑可湿性粉剂 1 000 倍液，或 70% 甲基硫菌灵可湿性粉剂 600 倍液交替喷施。

4. 褐 斑 病

（1）**危害症状**　染病初期于叶面上产生淡褐色病斑，病斑边缘有明显的斑块。茎染病，在茎秆上产生纺锤形或近椭圆形褐色病斑。豆荚染病，病斑稍凹陷，向深度逐渐扩张危害种子。种子或病残体为初侵染源，田间湿度大有利于此病的发生流行。

（2）**防治方法**　温汤浸种防止种子带菌。在发病初期用 12.5% 腈菌唑乳油 100 克对水 60 升喷雾，或 45% 溴菌腈可湿性粉剂 80～100克对水 60 升喷雾。

5. 斑潜蝇防治

可选用2%阿维菌素乳油3 000～5 000倍液，或0.5%甲氨基阿维菌素苯甲酸盐乳油1 500～3 000倍液喷雾防治。

6. 菜青虫、小菜蛾防治

选用0.5%甲氨基阿维菌素苯甲酸盐乳油1 500～3 000倍液，或2%阿维菌素乳油3 000～5 000倍液喷施防治。

（六）采收与贮藏保鲜

豌豆用途不同采收期也不同，食用嫩荚的应在花后12～14天采收，嫩荚充分长大而柔软、籽粒未充分膨大时为适宜采收期；食用嫩粒的需籽粒充分膨大、饱满，荚色由深绿色变淡绿色、荚面露出网状纤维时，一般在开花后15～18天为适宜采收期。采收过迟，豆粒中糖分下降，淀粉增加，风味差；采收过早，虽然品质好，但产量低。按标准分期采收，软荚种分2～3次完成，硬荚种分1～2次完成。

豌豆适宜贮藏温度为0℃，空气相对湿度以95%～100%为佳，在此低温和高湿条件下可贮藏7～14天，贮藏中可采用聚乙烯薄膜包装。豌豆采后和运输前需经预冷，预冷温度以0℃为宜，运输中以塑料泡沫箱包装，包装箱内放入简易蓄冷器，以保证包装内有豌豆适宜的贮藏温度。如果用冷藏车或冷藏集装箱运输，可用筐做包装，车厢内必须保证适宜的贮藏条件。短途运输使用筐或麻袋做包装均可，要防止雨淋和日晒。

五、香椿

（一）生物学特性

香椿为楝科落叶乔木，自然条件下株高可达 16 米。树皮暗褐色、呈片状剥落，小枝有时具柔毛。偶数羽状复叶互生，有特殊气味；叶柄红色，基部肥大；小叶 8～10 对，小叶柄长 5～10 毫米；叶片长圆形至披针状长圆形，叶长 8～15 厘米、宽 2～4 厘米，先端尖，基部偏斜，圆形或阔楔形，全缘或有疏锯齿，叶上面深绿色、无毛，叶下面淡绿色，叶脉或脉间有长束毛。香椿喜温喜光，适宜在日平均温度 8℃～10℃的地区栽培，抗寒能力随树龄的增加而提高。香椿较耐湿，适宜生长于河边、宅院周围肥沃湿润的土壤中，以沙壤土为好，适宜的土壤 pH 值为 5.5～8。

每年春季谷雨前后，香椿发的嫩芽可做各种菜肴，不仅营养丰富，还具有较高的药用价值。香椿叶厚芽嫩，绿叶红边，犹如玛瑙、翡翠，香味浓郁，营养远高于其他蔬菜，为宴宾的名贵佳肴。我国香椿品种很多，根据初出芽苞和子叶的颜色不同，可分为紫香椿和绿香椿两大类。紫香椿有黑油椿、红油椿、焦作红香椿、西牟紫椿等品种；绿香椿有青油椿、黄罗伞等品种。香椿品种不同，其特征特性也不同，紫香椿树冠比较开阔，树皮灰褐色，芽苞紫褐色，初出幼芽紫红色、有光泽，香味浓，纤维少，含油脂较多；绿香椿树冠直立，树皮青色或绿褐色，香味稍淡，含油脂较少。

（二）主栽品种

1. 褐香椿

初生芽薹及嫩叶为褐红色，芽粗壮，小时叶片较大、肥厚、皱缩，有白色茸毛，8～12天可长成商品芽。芽、茎基部及复叶下部的小叶微带绿色。嫩芽脆嫩、多汁、无渣，香味极浓，微有苦涩味。喜肥水，贫瘠地上的苗木易矮化。

2. 青油椿

初生芽、茎及嫩叶为紫红色，6～7天变为绿色，10～14天长成商品芽。芽薹前端和复叶前端的数对小叶为浅褐色。小叶、特别是芽薹附近的小叶表面油亮。芽脆嫩、多汁、渣少，味甜，香味淡。适宜在乎原地区及肥沃的梯田栽植。

3. 红香椿

初生芽薹及嫩叶为棕红色，长成商品芽需6～10天。红香椿的芽薹及复叶柄粗壮，芽脆嫩、多汁、渣少，香味浓郁，味甜，无苦涩味。红香椿生长快，为芽、材兼用品种。

4. 薹椿

初生芽薹及嫩叶为浅褐色，有白色茸毛，小叶极细、皱缩，芽薹和叶轴粗壮，形如菜薹，8～13天长成商品芽。嫩芽脆嫩，味甜，渣少，略有苦味，香味淡。薹椿在长期的栽培过程中，通过选择形成了许多地方品种，如水椿、黄罗伞、米尔红、柴狗子和红毛椿等。

5. 黑油椿

初生芽、茎及嫩叶为紫红色，8～13天长成商品芽。嫩芽肥壮，香味特浓，脆嫩、多汁，味甜，无渣，品质上等。该品种喜肥水，适宜在平原地区及肥沃的梯田栽植。

6. 红叶椿

初生芽薹和嫩叶为棕褐色，小叶叶脉下凹明显，8～10天长成商品芽。嫩芽脆嫩、多汁，香味略淡于红香椿，味甜。

7. 红芽绿香椿

初生时芽、茎和嫩叶为浅棕红色，6～10 天可长成商品芽，整个芽体为绿色。嫩芽粗壮、鲜嫩、味甜，多汁，渣少，香味淡。

（三）苗木繁育

香椿繁殖方法分播种育苗和分株繁殖（也称根蘖繁殖）2 种。

1. 播种育苗

选当年的新种子，种子要求饱满、颜色新鲜、呈红黄色，种仁黄白色，净度在 98% 以上，发芽率在 40% 以上。为了出苗整齐，需进行催芽处理，可用 40℃温水浸种 5 分钟左右，不停地搅动，然后在 20℃～30℃水中浸泡 24 小时，种子吸足水后捞出，控去多余水分，在干净的苇席上摊 3 厘米厚，上面覆盖干净布后置于 20℃～25℃环境中保湿催芽。催芽期间每天翻动种子 1～2 次，并用 25℃左右的清水淘洗 2～3 次，沥去多余的水分，有 30% 的种子萌芽时即可播种。选地势平坦、光照充足、排水良好的沙性土和土质肥沃的田块作育苗地，结合整地每公顷施腐熟有机肥 50 000～70 000 千克、三元复合肥 500～750 千克、尿素 100～150 千克，撒匀，翻透。做 1 米宽的畦，在畦内按 30 厘米行距开沟，沟宽 5～6 厘米，沟深 5 厘米，将催好芽的种子均匀地播下，播后覆盖 2 厘米厚的土。播后 7 天左右出苗，未出苗前严格控制浇水，以防土壤板结影响出苗。当小苗长出 4～6 片真叶时，进行间苗和定苗。定苗前先浇水，以株距 20 厘米定苗。株高 50 厘米左右时，进行苗木矮化处理，可用 15% 多效唑可湿性粉剂 200～400 倍液喷施，每 10～15 天喷 1 次，连喷 2～3 次，以控制徒长，增加物质积累。在进行多效唑处理的同时进行摘心，以增加分枝数。

2. 分株繁殖

分株繁殖，一般在早春挖取成株根部的幼苗，种植在苗地上，翌年苗长至 2 米左右时进行定植。也可采用断根分蘖方法，香椿根部易生不定根，可于冬末春初在成树周围挖 60 厘米深的圆形沟，切断部分侧根，而后将沟填平，这样断根的先端萌发新苗，翌年即可移栽。

（四）整地定植

1. 整　地

定植前，结合整地每 667 米^2 施优质农家肥 5 000 千克以上、过磷酸钙 100 千克以上、尿素 25 千克，撒匀深翻。

2. 定　植

（1）**普通栽培**　香椿苗育成后，一般在早春发芽前定植。大片营造香椿林时，行株距 7 米 × 5 米。定植后浇水 2 ～ 3 次，以提高成活率。

（2）**矮化密植**　这是近年来发展的一种大田栽培方式。定植密度以株行距均为 15 厘米为宜，每 667 米^2 栽植 6 000 株左右。树形可分为多层型和丛生型两种，多层型是在苗高 2 米时摘除顶梢，促使侧芽萌发，形成 3 层骨干枝，第一层距地面 70 厘米，第二层距第一层 60 厘米，第三层距第二层 40 厘米。这种多层型树干较高，木质化充分，产量较稳定。丛生型是在苗高 1 米左右时去顶梢，留新发枝只采嫩叶不去顶芽，待枝长 20 ～ 30 厘米时再抹头，其特点是树干较矮、主枝较多。

（五）田间管理

主要介绍温室密植矮化香椿栽培管理技术要点。

1. 温度管理

栽植后开始几天不加温，温度保持在 1℃ ～ 5℃，以利缓苗。定植 8 ～ 10 天后在大棚上加盖草苫，白天揭开，晚上盖好，使棚温白天保持在 18℃ ～ 24℃、晚间 12℃ ～ 14℃，在此条件下经 40 ～ 50 天即可长出香椿芽。

2. 植物生长调节剂处理

定植缓苗后用催芽抽枝宝进行处理，方法是对香椿苗上部 4 ～ 5 个休眠芽用催芽抽枝宝定位涂药，一般 1 克药涂 100 ～ 120 个芽，涂药可使芽体饱满、嫩芽健壮，产量提高 10%～20%。

3. 湿度调节

初栽的香椿苗要保持较高的湿度，定植后浇透水，以后视情况浇小水，使空气相对湿度保持在 85% 左右。萌发后生长期间，空气相对湿度以 70% 左右为好。

4. 光照调节

日光温室香椿生产，有较好的光照才能促进生长，可采用无滴膜，并保持棚膜清洁。

5. 肥水管理

香椿为速生木本蔬菜，需水量不大，对钾肥需求较高，每次采摘后应根据地力和香椿长势，适量追肥、浇水，每次每 667 米^2 可追施氮肥 5～7.5 千克、磷肥 2.5～4 千克、钾肥 1.5～2 千克，施肥后浇 1 次透水。

6. 套隔光薄膜袋

谷雨后地温稳定在 18℃以上即可撤掉棚膜，让树苗自然生长。此后树苗发育较快，但容易老化，应及早准备黑红两层两色聚乙烯薄膜袋，当香椿芽长至 5 厘米长时，即可套上隔光薄膜袋，这样既可增加产量，又能保证椿芽不老化。当椿芽长至 15 厘米长时，连袋一起采下，然后去袋销售。这种薄膜袋可多次利用。

7. 打顶促分枝

在采摘第二茬香椿时，将顶部同时摘掉进行定干（从离地面 40 厘米处打顶）。定干后喷洒 15% 多效唑可湿性粉剂 200～500 毫克/千克溶液，以控制顶端优势，促进分枝生长，达到矮化目的。此后根据树形发育情况，及时打顶、打杈，确保树冠分枝多、椿芽多，高产优质。

（六）病虫害防治

1. 流 胶 病

（1）危害症状 从树干伤口处流出黏液，黏液遇空气后变成黄白色胶状。

（2）**防治方法** 避免机械损伤和虫伤，加强管理，增强树势，促使伤口迅速愈合；刮除流胶硬块及其下部的腐烂皮层及木质，集中烧毁。发病初用 40% 乐果乳油 5 倍液与柴油混合按 1∶1，或 50% 甲基硫菌灵可湿性粉剂 500 倍液喷树干。也可用 50% 多菌灵超微可湿性粉剂 600 倍液，或 72% 霜脲·锰锌可湿性粉剂 600～800 倍液喷施防治，每隔 10～15 天喷 1 次，连喷 2～4 次。

2. 叶锈病

（1）**危害症状** 发病初期叶片正、反两面出现橙黄色小点，散生或群生，以叶背为多，严重时可蔓延全叶。后期叶背面出现黑褐色小点，导致叶片提早脱落。

（2）**防治方法** 冬季清除病叶，及时排灌降低湿度，适当增施磷、钾肥，合理密植。发现香椿叶片上出现橙黄色的夏孢子堆时，可喷洒 0.3 波美度石硫合剂，或 15% 三唑酮可湿性粉剂 1500～2000 倍液，每 15 天喷 1 次，每次每 667 米^2 用药液 100 千克，连喷 2～3 次。

3. 白粉病

（1）**危害症状** 主要危害叶片，有时也侵染枝条。在叶面、叶背及嫩枝表面形成白色粉状物，后期于白粉层上产生黄褐色至黑褐色大小不等的小粒点，即病菌闭囊壳。叶片上病斑大多不太明显，呈黄白色斑块，影响树冠发育和树木的生长。严重时卷曲枯焦，嫩枝染病后扭曲变形，最后枯死。

（2）**防治方法** 及时清除病枝、病叶，集中堆沤处理或烧毁，减少初侵染源。加强管理，重视培育壮苗，使植株生长健壮，增强树体的生长势和抗病能力。合理密植，及时整枝打叶，改善通风透光条件，提高抗病能力。合理施肥，基肥需增施磷、钾肥，生长期间避免过量施用氮肥。在香椿发芽前或发病初期进行药剂防治，可用 40% 氟硅唑乳油 8000～10000 倍液，或 30% 氟菌唑可湿性粉剂 5000 倍液，或 6% 氯苯嘧啶醇可湿性粉剂 4000 倍液，或 40% 硫磺·多菌灵悬浮剂 600 倍液，或 1% 武夷菌素水剂 200 倍液均匀喷洒枝叶，每 10～20 天喷 1 次，视病情防治 1～3 次。

4. 干枯病

（1）**危害症状**　多危害幼树，苗圃染病率很高，轻者被害枝干干枯，重者全株枯死。树势较弱或幼枝干上常发病，染病初期枝干被害部表皮呈棕褐色，后期表皮出现密生的黑点，枝干渐渐枯死。枝干被害部位以朝阳面为重，背阴面较轻。

（2）**防治方法**　及时清除病枝、病叶，集中堆沤处理或烧毁，减少初侵染源。加强肥水管理，增强树势，提高抗病能力，预防感染病害。在初发病斑上打小孔，深达木质部，然后喷涂 70% 硫菌灵可湿性粉剂 200 倍液进行防治。

5. 紫纹羽病

（1）**危害症状**　主要危害香椿的根和根际处，使树干基部的树皮腐烂，造成树木死亡。树木幼根先侵染，后逐渐蔓延至粗大的主根和侧根。病根先失去原有的光泽，后变黄褐色，最后变黑而腐烂，并易使皮层和木质部剥离。表层皮面有紫色棉绒状菌丝层，雨季菌丝可蔓延至地面或主干上 6～7 厘米处，菌丝层厚达 2 厘米左右，有蘑菇味，受害树木长势衰弱，逐渐枯黄，严重时渐渐死亡。

（2）**防治方法**　严格进行苗木检疫，发现病苗，剪除病部。造林地发现病株，可扒开土壤，剪除病根，然后覆以无菌土壤。增施有机肥，避免在低洼积水处造林，不要与刺槐混种，可掺沙改黏、挖沟排水，加强排水和养护管理，以增强抗病能力。造林前用 1% 硫酸铜溶液或 20% 石灰水或 50% 代森铵水剂 1000 倍液，浸苗 10～15 分钟进行消毒。发病初用 50% 代森铵水剂 100～150 倍液，或 20% 硫酸亚铁溶液喷施防治。

6. 斑衣蜡蝉

（1）**危害症状**　成虫和若虫吸食叶片或嫩枝的汁液，被害部位形成白斑而枯萎，影响树木生长。同时，该虫还能分泌含糖物质，有利于煤污菌的寄生，使叶面蒙黑，影响叶片光合作用，不利于树木生长。斑衣蜡蝉的发生与气候关系密切，秋季干旱少雨，蜡蝉猖獗，常易酿成灾害。

（2）**防治方法**　斑衣蜡蝉以臭椿为原寄主，产于臭椿的卵孵化率达80%之多，而产于槐、榆等树之卵，孵化率较低，只有2%～3%，所以香椿不要与臭椿混种。发病时可用10%吡虫啉可湿性粉剂1 500～2 000倍液喷雾防治。

7. 蛀斑螟

（1）**危害症状**　该虫为专食性害虫。危害香椿的枝干，从4～5年生幼树到数十年大树均可受害。幼树主干受害常致整株死亡，大树枝条受害引起枯枝。幼虫孵化后蛀入皮内，在韧皮部与木质部之间蛀食。受害轻者伤口可以愈合，枝干上留下粗肿的愈伤组织；重者伤口则不能愈合，枝干上下形成孔洞，并裸露木质部，伤口处排出褐色粪便和流胶，黏附树体。

（2）**防治方法**　剪除被害虫枝，予以烧毁。越冬幼虫早春爬出取食时，可用45%杀螟硫磷乳油1 000倍液，或90%晶体敌百虫1 000倍液喷施毒杀幼虫。这是全年防治的关键环节。

8. 云斑天牛

（1）**危害症状**　成虫啃食新枝嫩皮，使新枝枯死，幼虫蛀食枝条韧皮部，影响树木生长，严重者可致整枝、整树死亡。

（2）**防治方法**　在成虫集中出现期，进行人工捕杀。成虫产卵部位较低，刻槽明显，可人工挖掉虫卵。也可用80%敌敌畏乳油（或40%乐果）与柴油按1∶9混合均匀，点涂产卵刻槽，毒杀虫卵、初孵幼虫及侵入不深的幼虫。树干上发现有新鲜排粪孔，可用80%敌敌畏乳油200倍液，或40%乐果乳油400倍液注入排粪孔，然后用黄泥堵孔，毒杀幼虫。

（七）采收与贮藏保鲜

普通栽培和矮化密植栽培的香椿，一般在清明前发芽，谷雨前后即可采摘顶芽。第一次采摘的称头茬椿芽，不仅肥嫩，而且香味浓郁，质量上乘。以后根据生长情况，隔15～20天，采摘第二次。

新栽的香椿，最多可采收 2 次，3 年后的香椿每年可采收 2～3 次，产量也相应增加。保护地栽培的香椿，其芽在合适的温度条件下（白天 18℃～24℃、夜间 12℃～14℃）生长快，呈紫红色，香味浓。当香椿芽长至 15～20 厘米，而且着色良好时开始采收。第一茬椿芽要摘取丛生在芽薹上的顶芽，采摘时应稍留芽薹采摘顶芽，让留下的芽薹基部继续分生叶片，采收宜在早、晚进行。温室香椿芽每隔 7～10 天采收 1 次，共采收 4～5 次，每次采芽后要追肥浇水。采收后要整理扎捆，一般每 50～100 克为 1 捆，装入塑料袋内封好口，防止水分散失。

香椿茎叶非常鲜嫩，含水量较高，生理代谢旺盛，呼吸作用强，采后贮运中极易失水萎蔫。香椿贮藏适温为 0℃，空气相对湿度为 80%～85%。室内贮藏，选凉爽湿润、通风的室内，先在地上洒水，再铺上一层席，然后将香椿平摊在席上、厚约 10 厘米，用湿草或薄膜盖上，可短期贮藏 5～7 天。贮藏期间注意通风、调湿，切勿堆高和向芽体上洒水，以免发热变质、发生叶片脱落和腐烂损失；冷库贮藏，香椿采后立即挑选整理，选芽体粗壮、无病伤的香椿芽，去除芽基部的老梗，捆成 0.25～0.5 千克的小把，送冷库架摆预冷后再装袋冷藏。可采取塑料薄膜衬垫贮藏，即先将一块 0.02～0.03 毫米厚的聚乙烯薄膜衬垫在塑料箱或纸箱内，然后放入成捆、预冷好的香椿芽，加 1 包乙烯吸收剂（事先配制好用碎砖吸收过饱和高锰酸钾溶液的纱布包），再将薄膜折叠盖好。送入冷库架摆或堆码。也可采用塑料薄膜袋小包装贮藏，用 0.02～0.03 毫米厚的聚乙烯薄膜制成 25～30 厘米×25～30 厘米规格的包装小袋，每袋装成捆、预冷的香椿 0.15～0.25 千克，加 1 小包乙烯吸收剂，扎紧袋口。还可采用打孔薄膜袋（打 8 个直径 5 毫米的小孔）装，扎口后送入冷库架摆或装箱堆码。贮藏期间库温控制在 0℃～1℃，空气相对湿度保持在 80%～85%，使袋内形成一定的低氧和高二氧化碳环境，可吸除袋内乙烯气体，防止香椿失水萎蔫、叶片脱落和腐烂，一般可贮藏 1 个月左右。

六、球生菜

（一）生物学特性

球生菜为菊科莴苣属 1～2 年生草本植物，也叫半结球莴苣或结球莴苣。结球莴苣有圆形、扁圆形、圆锥形、圆筒形，质地柔嫩，为主要食用部分。结球生菜为喜冷凉、忌高温作物，种子在 4℃以上可发芽，以 15℃～20℃为发芽适温。幼苗能耐较低温度，在日平均温度 12℃时生长健壮，叶球生长最适温度为 13℃～16℃。目前，有些结球生菜的品种可耐高温。结球生菜为长日照作物，生长期间需要充足的阳光，光照不足易导致结球不整齐或结球松散。球生菜对土壤适应性较广，但栽培以肥沃的壤土或沙壤土最好。结球生菜根系入土较浅，在结球前要求有足够的水分供应，经常保持土壤湿润；结球后要求较低的空气湿度。

（二）主栽品种

1. 京优 1 号

极早熟结球生菜品种，适宜于春、秋两季及早夏栽培。全生育期 65～70 天，长势旺盛整齐，开展度 40 厘米×35 厘米，叶翠绿色，叶缘缺刻深且较细密，外叶开展。叶球淡绿色，抱合紧实，口感脆嫩，品质佳，口感好。耐寒性、耐热性均衡，抽薹较晚，种子白色。单球重 400～500 克，每 667 米^{2}产量可达 2 000～3 000 千克。苗龄 25～30 天，行距 40 厘米，株距 30 厘米，每 667 米^{2}栽植 6 000 株左右，用种量 20 克。栽培过程中注意氮、磷、钾肥均衡施用，适度灌溉，及时采收。

2. 干 胜

中早熟结球生菜新品种，全生育期80～85天。株形紧凑，长势旺盛，呈中绿色，叶片较厚，叶球圆形、整齐一致，单球重500～600克，每667米²产量3 000千克左右。该品种的突出特点是外叶少、叶球整齐突出，净菜率70%。由于叶片较厚，收获运输中不易损坏失水，成熟期整齐一致，特别适宜加工和贮运。耐寒性、耐热性均好，春、夏季露地栽培抗烧心能力强，抗霜霉病和灰霉病。

3. 丽 秋

为优良结球生菜新品种，中早熟，全生育期80天左右。叶片翠绿色，外叶中等，叶缘波状且皱缩。叶球圆形，结球紧实稳定，品质佳，单球重600克左右。耐热性好，抗抽薹能力强，对软腐病和霜霉病有较强的抗性，特别适合北方夏秋季种植。每667米²产量可达2 500千克以上。

（三）播种育苗

1. 播种时间

结球生菜喜低湿度及冷凉的环境，华北地区秋季栽培播种期为9月下旬至11月中旬。也可以早春在保护地育苗，4月下旬至5月中旬定植。

2. 播种育苗

将种子在55℃温水中浸泡20分钟后用湿布包起来，置于15℃～20℃环境中催芽，经2～3天发芽即可播种。营养杯育苗法用种量少，苗成活率高且苗壮，定植时可保持完好根系，定植后生长快、包心早。营养杯育苗土配方为泥土6份、堆肥3份、谷壳（或蛭石）1份，并加入少量硼砂，混匀后入杯。每杯播2～3粒种子，播后覆盖一层薄土，再盖稻草，淋足水分。用穴盘育苗，成苗效果也很好。

3. 苗期管理

播种后 2～3 天出苗即可揭去稻草，揭草不及时易产生高脚苗。夏季播种育苗，要搭荫棚，既可防雨水冲击，又可遮阴。出苗后，每天早、晚淋水。播种后约 2 周进行间苗，除去弱苗、高脚苗，每杯保留 1 株健壮苗。苗龄 15 天后可施稀薄尿素，一般苗龄 25～30 天即可移栽。

（四）整地定植

1. 整 地

定植前细致整地，施足基肥，每 667 米 ^{2} 施充分腐熟农家肥 4 000～5 000 千克、磷酸二铵 20 千克、过磷酸钙 50 千克。把细整平，使土层疏松，以利根系生长和须根吸收肥水。

2. 定 植

早熟品种采用双行栽植，行距 35 厘米；中熟种及晚熟种适当疏植，以便充分生长。可采用高畦栽培，一般行距 40 厘米，株距 30～35 厘米，每 667 米 ^{2} 栽植 3 000～3 700 株。定植后 3～4 天，每天早、晚适量浇水，以提高成活率。若发现缺株，应及时补苗。

（五）田间管理

结球生菜生长期较长，生产中可分几次追肥，一般 7～10 天追肥 1 次。定植后 4～6 天薄施速效氮肥，每 667 米 ^{2} 可随水冲施尿素 5 千克，以促进发根和叶生长。开始包心时，要增施钾肥，每 667 米 ^{2} 可随水冲施硝酸磷钾复合肥 40 千克。在植株封行前，要施重肥，每 667 米 ^{2} 可施三元复合肥 20 千克、氯化钾 7.5 千克，可在两行之间开浅沟施入，施肥后覆土，避免肥料接触根系。定植至开始包心（莲座期）可用淋灌或浇灌，保持土壤湿润。进入莲座期，要严格控制水分，以免病害发生。结球期忌畦面积水或植株接触水分，故不可采用淋灌或喷灌，可采用沟灌或在行间淋水。采收前 15 天应进行控水。结球生菜根系浅，中耕不宜太深，以免损伤根系，中耕应在植株封行前进行。

（六）病虫害防治

1. 顶 烧 病

（1）**危害症状** 发病初期叶球内部叶片边缘枯焦变褐，水分多、湿度大时逐渐腐烂，使叶球失去商品价值，但通常叶球外部尚完好，切开后方能发现病害。一般在叶球接近成熟时发病。土壤高温后突然缺水是引起该病的主要原因，土壤中缺钙和缺硼也容易引起该病。

（2）**防治方法** 以预防为主，选用抗病品种，水分供给要均匀；不偏施氮肥，植株封行前施重肥，以后不施肥。

2. 霜 霉 病

（1）**危害症状** 主要危害叶片，首先在植株下部老叶上产生淡黄色多角形病斑，在潮湿条件下病斑背面产生白色霜霉层，后期病斑连成一片呈黄褐色，最后全叶变黄枯死。

（2）**防治方法** 可用 72% 霜脲·锰锌可湿性粉剂 700 倍液，或 52.5% 噁酮·霜脲氰可湿性粉剂 2 000 倍液喷雾，每周喷 1 次，连喷 2～3 次。

3. 软 腐 病

（1）**危害症状** 多发生于后期雨水较多或空气湿度较大时，球叶较易发生，呈水渍状，逐渐腐烂，有臭味，发展蔓延，引起全株腐烂。结球生菜在贮藏期间，在温度高的情况下也极易发生。

（2）**防治方法** 避免连作，前作不宜为大白菜等易患软腐病的作物；土壤施用石灰提高 pH 值；消除病残体，避免积水；发病初期喷 72% 硫酸链霉素可溶性粉剂 3 000～4 000 倍液。

4. 菌 核 病

（1）**危害症状** 该病为真菌引起的病害。近地面的茎、叶柄基部先开始发病，病斑初呈褐色水渍状，叶柄受害后水分供应被切断而引起叶片凋萎下垂。在潮湿条件下，病部布满白色菌丝体；在天气较干燥、光照充足时，可变成黑色鼠粪状菌核。

（2）**防治方法**　在发病初期用50%异菌脲可湿性粉剂1 000～1 500倍液，或40%菌核净可湿性粉剂1 500～2 000倍液，或50%腐霉利水剂1 000～1 200倍液喷洒防治，每隔7～10天喷1次，连续喷洒2～3次。

（七）采收与贮藏保鲜

从定植至采收，早熟种约需55天，中熟种约需65天，晚熟种需75～85天，以提前几天采收为好。采收标准，用两手从叶球两旁斜按下，以手感坚实不松为宜。收获前15天控水。收获时选择叶球紧密的植株自地面割下，剥除老叶，留3～4片外叶保护叶球，或剥除所有外叶，用聚苯乙烯薄膜进行单球包装，并及时转入冷藏车厢运出销售，运贮适宜温度为1℃～5℃。

七、荠菜

（一）生物学特性

荠菜，为1～2年生草本植物，株高20～50厘米，茎直立，有分枝。基生叶丛生，呈莲座状，叶柄长5～40毫米；叶片大头羽状分裂，长约12厘米、宽约2.5厘米：顶生裂片较大、卵形至长卵形、长5～30毫米，侧生者宽2～20毫米，裂片3～8对、较小、狭长，呈圆形至卵形，先端渐尖，浅裂或具有不规则粗锯齿。茎生叶狭披针形，长1～2厘米、宽2～15厘米，基部箭形抱茎，边缘有缺刻或锯齿，两面有细毛或无毛。总状花序顶生或腋生，至果期可达20厘米；萼片长圆形，花瓣白色、匙形或卵形，长2～3毫米。果倒卵状三角形或倒心状三角形，长5～8毫米、宽4～7毫米，扁平，无毛，先端稍凹，裂瓣具网脉，花柱长约0.5毫米。种子2行，呈椭圆形、浅褐色。花、果期4～6月份。荠菜属耐寒性蔬菜，要求冷凉和晴朗的气候。种子发芽适温为20℃～25℃，生长发育适温为12℃～20℃，温度低于10℃、高于22℃则生长缓慢，生长周期延长，品质较差。荠菜的耐寒性较强，-5℃时植株不受损害，可耐受-7.5℃的短期低温，在2℃～5℃条件下，10～20天通过春化阶段即抽薹开花。荠菜对土壤的选择不严，但以肥沃、疏松的土壤栽培为佳。

我国自古就采集野生荠菜食用，19世纪末至20世纪初上海郊区开始零星栽培，至今已有90多年的栽培历史。荠菜除了在长江下游地区栽培外，在国内其他地区的栽培面积均不大，为稀特蔬菜。但在我国北方，人们有食用荠菜的习惯，如用荠菜做水饺、做汤等。随着我国北方人民生活水平的日益提高，冬春季需要提供更多的绿叶蔬菜种类。荠菜露地栽培春季上市早，保护地栽培管理简单易行，产品风味较好，因此北方地区荠菜栽培有迅速发展的趋势。

（二）主栽品种

1. 板叶荠菜

又叫大叶荠菜。植株塌地生长，叶片浅绿色，叶长 10 厘米左右、宽 2.5 厘米左右。该品种具有较强的抗寒和耐热性，早熟，播后 40 天即可收获，产量较高，外观商品性好，风味鲜美。一般用于秋季栽培。

2. 散叶荠菜

又叫百脚荠菜、慢荠菜、花叶荠菜、小叶荠菜、碎叶荠菜、碎叶头等。植株塌地生长，叶片绿色、羽状全裂，叶缘缺刻深，叶长 10 厘米左右；窄叶较短小、20 片左右、绿色，叶面平滑，遇低温后叶色转深、带紫色。该品种抗寒力中等，耐热力强，冬性强，香气浓郁，味极鲜美。适于春季栽培。

（三）整地播种

1. 整　地

选择肥沃、杂草少的地块，避免连作。播种前每公顷施腐熟有机肥 45 000 千克，浅翻、耙细，做平畦，畦面宽 2 米，采用深沟高畦，以利排灌。畦面要整得细、平、软，土粒尽量细，以防种子漏入深处不出苗。

2. 播　种

（1）播种时间　华北地区可以两季栽培，春季栽培在 3 月上旬至 4 月下旬播种，秋季栽培 7 月上旬至 9 月中旬播种。利用塑料大棚或日光温室栽培，可于 10 月上旬至翌年 2 月上旬随时播种。长江流域荠菜可在春、夏、秋3季栽培，春季栽培在2月下旬至4月下旬播种，夏季栽培在7月上旬至8月下旬播种，秋季栽培在9月上旬至10月上旬播种。

（2）**播种方法**　荠菜通常撒播，但要力求播种均匀，播种时可与1～3倍细土拌均匀。播种后用脚轻轻地踩一遍，使种子与泥土紧密接触，以利种子吸水，提早出苗。荠菜种子有休眠期，当年的新种子不宜利用，因未脱离休眠期，播后不易出苗。如果采用当年采收的新种子，要打破种子休眠，通常在2℃～7℃的冰箱中催芽7～9天，种子开始萌动才可播种。夏季播种，可在播前1～2天浇湿畦面，为防止高温干旱造成出苗困难，播后用遮阳网覆盖，以降低地温，保持土壤湿度，并可防止雷阵雨侵蚀。每667米²春播需种子0.75～1千克，夏播需种子2～2.5千克，秋播需种子1～1.5千克。在正常气候条件下，春播的5～7天齐苗，夏秋播的3天即可齐苗。一般来说，荠菜不需要移栽，特别稠密处应剔除病苗、弱苗。

（四）田间管理

出苗前要小水勤浇，保持土壤湿润，以利出苗。出苗后注意适当灌溉，保持土壤湿润度。雨季注意排水防涝，如有泥浆溅在菜叶或菜心上，要在清晨或傍晚将泥浆冲洗掉，以免影响荠菜的生长。秋播荠菜在冬前应适当控制浇水，防止徒长，以利安全越冬。春播、夏播荠菜，由于生长期短，一般追肥2次。第一次在2片真叶时，第二次在相隔15～20天后进行，每次每公顷施腐熟人粪尿液22 500千克，或尿素150千克。秋播荠菜的采收期较长，每采收1次应追肥1次，可追肥4次，每次每公顷施腐熟人粪尿液22 500千克，或尿素150千克。荠菜植株较小，易与杂草混生，除草比较困难。因此，应尽量选择杂草少的地块栽培，在生长过程中应经常中耕拔草，做到拔早、拔小，以防草大压苗或拔大草伤苗。

　　人工栽培荠菜要进行留种，荠菜留种应抓好以下关键技术：一是精选留种田。一般选择地势高爽，品种纯度高，植株生长健壮，无病虫害的荠菜田作为留种用。二是选留好种株。将长势差而小、有病虫害的植株采收上市，使种株的株行距保持在 15 厘米 × 15 厘米，以利种株间有充足的生长空间，促使其平衡生长，提高种子产量。三是加强种子田管理。生长前期的肥水管理、除草、防虫等措施与商品荠菜田相同。去杂劣后，须及时追施 1 次腐熟淡水粪，促使种株发棵，使其根深叶茂，营养生长健壮。抽薹现蕾后，应增施磷、钾肥，可结合防治病虫害，在农药中加入 0.3% 磷酸二氢钾溶液喷施；既可增强种株的抗逆能力，又有利于多结种荚并促进籽粒饱满。生产中应特别注意勤查勤防蚜虫，即使至 4 月下旬种株已进入结荚乳熟期，仍应防治 1 次蚜虫，否则会因蚜虫猖獗而使籽粒不饱满，造成种子歉收。同时，应注意防涝。四是适时采种，并及时脱粒晒干贮藏。当种株花已谢、茎微黄、从果荚中搓下种子已发黄时，种子为九成熟，此时为采收适期。采收过早，种子成熟度不够，产量低，质量差；过迟采收，种子易散落造成浪费。采收一般在晴天的早晨进行，中午不要收割，以免果荚裂开，种子散落。在收晒过程中，应随时搓下种子，随即薄摊于竹匾中，晒时无需翻动。第一次采收脱粒的种子质量最好，以后采收脱粒的种子稍次，正常年份每 667 米^{2}产种子 25～30 千克。成熟适度的种子呈橘红色，色泽鲜艳；成熟过度的种子呈深褐色。种子使用期限为 2～3 年。

（五）病虫害防治

1. 霜　霉　病

（1）**危害症状**　主要危害叶片，叶片两面均有病斑。病斑黄绿色或逐渐变为黄色，并由圆形扩展为多角形，湿度大时叶背面有白色霉层。

（2）**防治方法**　发病初期喷洒 72.2% 霜霉威水剂 600～800 倍液，或 64% 噁霜·锰锌可湿性粉剂 500 倍液，每 7～10 天喷 1 次，交替用药，连续喷 2～3 次。

2. 软腐病

（1）**危害症状** 发病初在茎基部或近地面根部呈水渍状不规则斑，后病斑扩大并向内扩展，致内部软腐，并有黏液流出。病部发出恶臭味。

（2）**防治方法** 发病初期喷洒 14% 络氨铜水剂 300 倍液，或72% 硫酸链霉素可溶性粉剂 3 000～4 000 倍液，每 7～10 天喷 1 次，连续防 2～3 次。

3. 黑斑病

（1）**危害症状** 主要危害叶片，病斑叶两面生，病斑圆形或近圆形，发病严重时病斑汇合，致叶片局部枯死，后期病斑易穿孔。

（2）**防治方法** 发病初期喷洒 75% 百菌清可湿性粉剂 600 倍液，或 64% 噁霜·锰锌可湿性粉剂 400 倍液，每 7～10 天喷 1 次，连续喷 2～3 次。

4. 病毒病

（1）**危害症状** 从苗期至移栽后的菜头膨大前发病均较严重，症状表现有重缩叶型和花叶型等。

（2）**防治方法** 发病初期喷洒 20% 吗胍·乙酸铜可湿性粉剂500 倍液，或 1.5% 烷醇·硫酸铜乳剂 1 000 倍液，每 10 天喷 1 次，连续喷 3～4 次。

5. 菜青虫

（1）**危害症状** 幼虫食叶，使叶片穿孔、缺刻。

（2）**防治方法** 采用 50% 辛硫磷乳油 2 000 倍液，或 25% 氰戊菊酯乳油 3 000 倍液喷雾防治。

（六）采收与贮藏保鲜

春播和夏播荠菜生长较快，从播种至采收需 30～50 天，一般采收 1～2 次。秋播荠菜，从播种至采收需 30～35 天，可陆续采收 4～5 次，长江流域一直采收至翌年春。采收时，选择具有 10～

13 片真叶的大株带根挖出，留下中小苗继续生长。同时，注意先采收较密的植株，后采收较稀的植株，使留下的植株分布均匀。采收后及时浇水，以利余下的植株继续生长。每 667 米² 产量 2 500～3 000 千克。

采收后挑出黄烂叶，捆成 0.5～1 千克的把，移至阴凉处预贮，散热预冷后适时入贮。一般采用袋装自发气调贮藏，采用厚 0.06～0.08 毫米、规格为 110 厘米×80 厘米的聚乙烯塑料袋，将带根采收的荠菜抖掉泥土，经预冷后装入塑料袋内，平放在菜架上，敞口再预冷 1 昼夜，然后松扎袋口，库温保持 0℃～5℃、空气相对湿度保持 90%～95%，随时供应市场。

八、芥 蓝

（一）生物学特性

芥蓝又名白花芥蓝，为十字花科芸薹属甘蓝类 2 年生草本植物，原产于我国南方，栽培历史悠久，是我国的特产蔬菜之一。芥蓝以花薹为产品，幼苗及叶片也可食用，菜薹柔嫩、鲜脆、清甜、味鲜美，是甘蓝类蔬菜中营养比较丰富的蔬菜，可炒食、汤食，或做配菜。芥蓝在广东、广西、福建等南方地区是一种很受人们喜爱的家常菜，更是畅销东南亚及港澳地区的出口菜。目前，随着人们生活水平的提高和旅游业的迅猛发展，内地大中城市对粤菜的需求量不断增加，芥蓝已成为许多地区引种推广的蔬菜品种，其需要量在不断增加，发展前景可观。

芥蓝主根不发达，深 20～30 厘米；须根多，主要根群分布在10～20 厘米的耕层内，根再生能力强，易发生不定根。茎直立、绿色、短缩、较粗大、有蜡粉，茎再生能力较强。每个叶腋处的腋芽均可抽生成侧薹，主薹收获后，腋芽迅速生长，故可多次采收。叶为单叶互生，叶形为长卵形、近圆形、椭圆形等，叶灰绿色或绿色，叶面光滑或皱缩、有蜡粉，有叶柄。芥蓝初生花茎肉质，节间较疏、绿色，脆嫩清香，薹叶小而稀疏，有短叶柄或无叶柄、卵形或长卵形。花为完全花、白色或黄色，以白色为主，总状花序、异花授粉、虫媒花。芥蓝的果实为长角果，种子细小、近圆形、褐色或黑褐色，千粒重 3.5～4 克。芥蓝喜温和的气候，耐热性强，种子发芽和幼苗生长适温为 25℃～30℃，20℃以下时生长缓慢。菜薹形成适温为 15℃～25℃，喜较大的昼夜温差。30℃以上的高温对菜薹发育不利，15℃以下时生长缓慢。不同熟性的品种其耐热性及花芽分化对温度的要求有差别，早中熟品种较耐热，在 27℃～28℃较高温度条件下花芽能迅速分化，降低温度对花芽分化没有明显促进作用。晚熟品种对温度要求较严格，在较高温度下虽能进行花芽分化，但时间延迟；较低温度及延长低温时间，能促进花芽分化。芥蓝属长日照作物，但现有品种对日照时间的长短要求不严格，其生长发育过程均需要良好的光照，不耐阴。芥蓝喜湿润的土壤环境，以土壤最大持水量的 80%～90% 为宜。不耐干旱，耐涝力较其他甘蓝类蔬菜稍强，但土壤湿度过大或田间积水将影响根系生长。芥蓝对土壤的适应性较广，而以壤土和沙壤土为宜。

（二）主栽品种

1. 细叶早

叶卵圆形、浓绿色，叶面平滑，蜡粉多。主花薹高 25～30 厘米，横径 2～3 厘米，单薹重 100～150 克，品质优良。较耐热，适于晚春和夏秋栽培，产量高。从播种至始收 60 多天，持续采收期 35～45 天。

2. 香港白花

叶片椭圆形、绿色，叶面稍皱，蜡粉多。主花薹高 20～25 厘米，横径 2～3 厘米。花白色，初花时花蕾着生紧密，薹叶较稀疏，花薹品质好。主薹单薹重 100 克左右，侧薹萌发力较强。株形紧凑，生长较整齐。

3. 台湾中花

叶片卵圆形、浓绿色，蜡粉中等，基部有裂片。主薹高 30～35 厘米，横径 2.5～3 厘米，单薹重 100～150 克。薹叶长卵形，白花，薹形美观，品质好。

4. 皱叶迟

植株高大，叶片大而厚、近圆形、浓绿色，叶面皱缩，蜡粉较少，基部有裂片。主薹高 30～35 厘米，横径 3～4 厘米，单薹重 200～300 克。薹叶卵形、微皱，节间密，侧薹萌发力中上等。花白色，初花时花蕾大而紧密，品质好。

5. 迟 花

叶片近圆形、浓绿色，叶面平滑，蜡粉少，基部有裂片。主薹高 30～35 厘米，横径 3～3.5 厘米。花白色，初花时花蕾较大，薹叶卵形，品质好。主薹单薹重 150～250 克，侧薹萌发力中等。从播种至初收 70～80 天，连续收获期 50～60 天。

（三）播种育苗

1. 播种时间

华北地区基本上可以周年种植。4～8 月份播种可以选用早熟品种进行露地栽培，以保证 6～10 月份供应市场。9 月份至翌年 3 月份播种可选中晚熟品种进行保护地栽培，以保证 11 月份至翌年 5 月份供应市场。生产中应注意 7～9 月份华北地区为高温、多雨季节，应选在冷凉的地方种植为宜。

2. 播种方法

可采用直播或育苗移栽，为了节约土地，多采用育苗移栽，每 667 米² 需用种子 75～100 克。育苗地应选择排灌方便的沙壤土或壤土，前茬最好不是十字花科蔬菜的土地。结合整地每 667 米² 施腐熟有机肥 2 500 千克作基肥。用撒播方式进行播种，播种后经常保持育苗畦湿润，苗期施用速效肥 2～3 次，每次每 667 米² 可施尿素 10 千克。生产中播种量应适当，并注意间苗，避免幼苗过密而徒长成细弱苗。苗龄 25～35 天可达到 5 片真叶，间苗一般在 2 片真叶出现以后进行，保留生长好、茎粗壮、叶面积较大的嫩壮苗。

（四）整地定植

1. 整 地

选用保肥保水的壤土地块，精细整地，每 667 米² 施充分腐熟堆肥 3 000～4 000 千克、过磷酸钙 25 千克，翻入土壤混合均匀，耕耘耕平，土粒打细。一般做平畦，但夏季栽培应做小高畦。

2. 定 植

露地栽培，栽苗应在下午进行，保护地栽培宜在上午进行。栽苗日期确定后，在栽苗前 1 天下午给苗床浇 1 次透水，以便于翌日挖苗。定植当天随挖苗随即运到定植地块栽植。一般早熟种行株距为 25 厘米×20 厘米，中熟种行株距为 30 厘米×22 厘米，晚熟种行株距为 30 厘米×30 厘米。栽苗不宜深，以苗坨土面与畦面相平或稍低约 1 厘米为宜。苗栽好后，随即进行浇水，以恢复生长。

（五）田间管理

1. 肥水管理

根据当时温湿度情况及时浇缓苗水，缓苗后叶簇生长期适当控制浇水。进入菜薹形成期和采收期，要增加浇水次数，经常保持土壤湿润。基肥与追肥并重，追肥随水冲施，一般缓苗后 3～4 天每 667 米² 追施尿素 4～5 千克，现蕾抽薹期每 667 米² 追施尿素 4～5 千克、三元复合肥 5～10 千克。主薹采收后，为促进侧薹的生长，应追肥 2～3 次，每次每 667 米² 可追施尿素 5～8 千克。

2. 中耕培土

芥蓝前期生长较慢，株行间易生杂草，要及时进行中耕除草。随着植株的生长，茎由细变粗，但基部较细、上部较大，植株头重脚轻，易倒伏。生产中应结合中耕进行培土、培肥，每 667 米² 施腐熟有机肥 1 000～2 000 千克。

（六）病虫害防治

1. 黑 腐 病

（1）**危害症状**　黑腐病为华北地区多见病害，高温高湿时易发生。成年株叶片多发生于叶缘部位，呈"V"形黄褐色病斑，病斑外缘色较淡，严重时叶缘多处受害至全株枯死。幼苗染病时其子叶和心叶变黑枯死。

（2）**防治方法**　①选用抗病品种，避免与十字花科蔬菜连作。②播种前用50℃温水浸种20分钟，也可用种子重量0.4%的琥胶肥酸铜可湿性粉剂拌种。③加强田间管理，发现病株及时拔除。④发病初期喷淋68%硫酸链霉素可溶性粉剂2 500倍液，或50%氯溴异氰尿酸可溶性粉剂1 000倍液，或47%春雷·王铜可湿性粉剂700倍液，或3%中生菌素可湿性粉剂600倍液。

2. 霜 霉 病

（1）**危害症状**　各生育期均可发生，以苗期发病受害较重。主要侵染叶片，初期在叶背面形成灰褐色小点，空气潮湿时呈水渍状，以后逐渐扩大成不规则灰褐色至灰白色凹陷斑，随后病斑上长出稀疏霜状霉层。叶正面病斑初为浅绿色小点，逐渐发展成灰白色至黄褐色不规则形坏死斑，随病害发展多数叶肉组织坏死，终致叶片枯黄死亡。

（2）**防治方法**　①实行轮作。②加强田间管理。采用高畦栽培，合理密植，早间苗、早定苗；施足基肥，增施磷、钾肥。均匀浇水，避免大水漫灌，雨后排除田间积水；收获后做好田园清洁，深翻土壤。③种子处理。播种前进行种子消毒，可用种子重量0.3%的25%甲霜灵可湿性粉剂拌种。④药剂防治。发病初期可选用72%霜脲·锰锌可湿性粉剂600～800倍液，或72.2%霜霉威水剂600～800倍液，或50%溶菌灵（有效成分为多菌灵磺酸盐）可湿性粉剂500～800倍液，或40%三乙膦酸铝可湿性粉剂250倍液，或69%烯酰·锰锌可湿性粉剂800倍液喷雾。保护地种植每 667 米² 可用 5% 春雷·王铜粉尘剂或 5% 百菌清粉尘剂 1 千克喷粉,防治效果更佳。

3. 病毒病

(1)**危害症状** 保护地栽培、露地栽培普遍发生,各生育期均有发生,苗期和生长前期受害颇重。田间发病株常出现轻花叶型、重花叶型及畸形等症状,染病轻的仅在植株中上部少数叶片上出现浓淡不均的褪色失绿,病叶、心叶皱缩不平,轻花叶或畸形症状。发病重的全株褪绿变黄,仅主脉绿色,病株矮缩,叶片变小,最后整株枯死。

(2)**防治方法** ①选用抗病毒病、耐热品种。②采用测土配方施肥技术,增施腐熟有机肥,提高抗病力。③加强管理,有条件的采用遮阳网覆盖栽培,以减少发病。高温干旱季节,要小水勤浇,保持土壤湿润。发现蚜虫及时防治,以防传播病毒病。④发病初期喷洒 40% 烯·羟·吗啉胍可溶性粉剂 1 000 倍液,或 24% 混脂·硫酸铜水乳剂 800 倍液,或 2% 宁南霉素水剂 500 倍液,或 20% 吗胍·乙酸铜可湿性粉剂 500 倍液,每 7～10 天喷 1 次,连喷 2～3 次。

4. 常见虫害

芥蓝常见害虫有菜青虫、小菜蛾和蚜虫。菜青虫、小菜蛾在苗期用 90% 敌百虫可溶性粉剂 1 000 倍液,或 25% 氰戊菊酯乳油 600 倍液喷杀。蚜虫在苗期用 40% 乐果乳油 1 000 倍液,或 50% 敌敌畏乳油 1 000 倍液,或 20% 氰戊菊酯乳油 3 000～4 000 倍液,或 10% 氯氰菊酯乳油 5 000 倍液喷杀。

(七)采收与贮藏保鲜

1. 采收时间

当主花薹的高度与叶片高度相同、花蕾欲开而未开时,即"齐口花"时为采收适期。优质菜薹的标准是薹茎较粗嫩,节间较疏,薹叶细嫩且少。出口东南亚芥蓝的采收标准较严格,要求菜薹横径约 1.5 厘米、长约 13 厘米,花蕾未开放,无病虫斑。

2. 采收方法

主菜薹采收时，在植株基部 5～7 叶节处稍斜切下，然后把切下的菜薹切口修平，码放整齐。侧菜薹采收时在薹基部 1～2 叶节处切取。采收应于晴天上午进行。

3. 采后保鲜贮藏

芥蓝较耐贮运，采收后如需长途运输的应放于筐内，在温度为 1℃～3℃、空气相对湿度为 96% 的室内进行预冷，约 24 小时后便可用泡沫塑料箱包装运输，或贮存于温度为 1℃的冷库中。

九、牛 蒡

（一）生物学特性

牛蒡为2年生草本植物，株高1~2米，茎直立、带紫色，茎上部多分枝。基生叶丛生，大型，有长柄；茎生叶广卵形或心形，叶长40~50厘米、宽30~40厘米，边缘微波状或有细齿，基部心形，叶背面密被白短柔毛。头状花序多数，排成伞房状；总苞球形，总苞片披针形，先端具短钩；花淡红色，全为管状。瘦果椭圆形、具棱、灰褐色，冠毛短刚毛状。花期6~7月份，果期7~8月份。牛蒡性喜温暖湿润气候，耐寒、耐热性颇强。种子发芽适温20℃~25℃，高于30℃或低于15℃，发芽力差；低于10℃，不发芽。种子有明显休眠期，吸水后的种子具有好光性，在光照条件下发芽快、发芽率高。植株生长期喜强光，在20℃~25℃条件下植株生长最快。地上部耐热性强，可耐受夏季的高温，35℃~38℃仍能正常生长。温度低于3℃时茎叶很快枯干，但直根不受寒害，翌年春即能重新萌发新叶。牛蒡以选择近中性（pH值6.5~7.5），含钾、钙多的沙土或沙质壤土种植为宜。忌涝渍，故地下水位高的低洼地不宜种植牛蒡。

牛蒡是以肥大肉质根供食用的蔬菜，叶柄和嫩叶也可食用，肉质根含有丰富的营养。牛蒡原产于我国，公元920年左右传入日本，在日本栽培驯化出多个品种，20世纪80年代末我国由日本引种菜用牛蒡进行栽培，商品大部分出口，少量进入国内市场。在日本牛蒡为普通百姓强身健体、防病治病的保健菜，可与人参媲美，因此被称为东洋参。牛蒡凭借其独特的香气、纯正的口味、丰富的营养价值走俏东南亚市场，风靡日本、韩国和我国台湾地区，已引起西欧和美国有识之士的喜爱和关注。牛蒡作为食疗蔬菜被搬上了餐桌，受到消费者的极大欢迎，享有"蔬菜之王"的美称。由于牛蒡具有药用与食用双重价值，且资源丰富，综合开发简便易行，因此被我国卫生部认定为"新资源食品"。目前，牛蒡的国内市场开发较少，国人极少有食用习惯，这可能与栽培时间短、上市供应量少和国人尚不了解其营养价值有关。随着牛蒡生产的发展，人们会逐渐了解牛蒡的食用价值，使牛蒡产品既有出口市场的规模，又有国内市场作后盾，逐渐由稀特蔬菜发展为日常蔬菜，产生良好的经济效益和社会效益。

（二）主栽品种

1. 柳川理想

该品种为我国栽培的主要品种，中晚熟，属大牛蒡类型。抽薹较迟，春、秋两季均可栽培。肉质根长约75厘米、横径约3厘米，裂根少，空心迟，肉质柔嫩，香气浓，品质好。

2. 渡边早生

夏季收获的早熟品种。根长约70厘米，肉质根膨大快，肉质柔嫩，香气浓，品质佳。

3. 松中早生

早熟类型品种。抽薹晚，可用于春、秋两季栽培。肉质柔嫩，白色无涩味，烹饪时不变黑。肉质根长70～75厘米，根形整齐一致，根毛少，裂根少，收获期较长。

4. 东北理想

春、秋兼用型品种。地上部长势旺，肉质根外观呈淡黄色，肉白色，条型大、长、光滑，产量高，易加工，商品性好，是加工出口的理想品种。

5. 新林 1 号

根表皮金黄色，品质优良，生长势强，抗病，耐干旱，产量高，是目前牛蒡生产上的上佳品种，品质符合国际市场需求。

（三）整地播种

1. 整　地

选择肥沃、土层深厚、疏松、排水良好的园地种植。牛蒡宜轮作，忌连作，因此种植牛蒡应选择前茬为非菊科植物的地块栽培。另外，也不应在前茬为豆类、花生、甘薯和玉米的地块种植。种植前结合整地每 667 米² 施腐熟有机肥 2 000 千克、过磷酸钙 50 千克、三元复合肥 30 千克、氯化钾 10 千克（或草木灰 50 千克）。土壤耕深 30～60 厘米，起高畦，畦高约 30 厘米，畦沟深约 50 厘米，畦面宽约 80 厘米，开播种沟 2 条；或畦宽约 2 米，开播种沟 4 条。

2. 播　种

（1）播种时间　牛蒡品种颇多，分叶用和根用两类，目前市场上较受欢迎的是根用品种。春季播种早，要选用早熟品种，如日本的渡边早生等。秋播牛蒡一般用中晚熟品种，如柳川理想等。药用野生牛蒡种子，称牛蒡子，在中药店有售，与栽培品种种子很相似，但肉质根短小、歧根多，无食用价值，小心误购。牛蒡在我国多为露地栽培，栽培季节一般为春、秋两季，秋季栽培在 10 月上旬至 11 月上旬播种，11 月上旬盖上拱形地膜；春季栽培在 3 月中旬至 5 月中旬播种，盖地膜的可在 3 月份播种。露地栽培应在霜冻结束之后播种。

（2）播种方法　播种前用清水浸种 24 小时，并反复搓洗，然后置于适温（25℃左右）中催芽。播种时种子宜拌以细土，一般用条播，条距 40 厘米，每隔 10～15 厘米点播种子 3～5 粒，播后盖土，每 667 米² 用种子 150～200 克。播种后约 10 天，可全部发芽出土，发现缺苗，要及时补播。为保证全苗，可在播种的同时用小塑料袋培育部分幼苗，以备补苗用。

（四）间苗定苗

牛蒡幼苗在 2～3 叶期和 4～5 叶期各间苗 1 次。间苗时除去劣苗，凡叶数多、生长过旺、叶色过浓绿、叶片下垂、叶缘缺刻多、根茎顶部露出地面多的宜及时拔除。间苗操作要轻，尽量不伤及邻株，以免产生歧根。最后 1 次间苗，每穴留苗 1 株。定苗后株行距保持 30 厘米×45 厘米，拟早收获的要适当疏植，以增加营养面积，促进生长发育；迟收获的，适当密植，以免间距大、生长期长、肉质根过于粗大而影响商品外观。

（五）田间管理

从出苗至封行前应中耕 2～3 次，前期中耕除消灭杂草外，还有松土和提高温度的作用，封行前的最后 1 次中耕应向根部培土。对杂草偏重的地块，可在播种后至出苗前，每 667 米^2 用 50% 精喹禾灵乳油 50～60 毫升，对水 20 升喷洒地面进行除草。牛蒡生长迅速，叶片大，需要大量水分和肥料，有灌溉条件的，可采用漫灌，即灌即排，不可积水，经常保持土壤湿润便可。牛蒡需肥量较多，在施足基肥的基础上，生育期需追 3 次肥。第一次追肥，一般施用干肥，在株旁挖 1 条浅沟，每 667 米^2 施三元复合肥 30 千克或腐熟堆肥 1 000 千克，施肥后盖土。第二次追肥在株高约 50 厘米时施速效氮肥，每 667 米^2 施尿素 20 千克，干施或随水冲施均可。第三次追肥在直根开始膨大期即播种后 70 天左右进行，每 667 米^2 施尿素 20 千克。牛蒡对氮、磷、钾的要求，大体上为 5∶3∶3。

牛蒡直根产生歧根后，会极大地降低商品价值。防止措施：①选择土层深厚、疏松、排水良好的沙质壤土栽培，忌在黏重土壤上栽培。②合理施肥，有机肥要充分腐熟，并与土壤拌匀；追肥要施于苗株旁，浓度不可过高，以免伤根。③经常保持土壤湿润，尤其在肉质根迅速膨大期，不可受旱。④采用新鲜种子，其发芽率高，苗株生长快，产生歧根少。

（六）病虫害防治

1. 灰 斑 病

（1）**危害症状** 主要危害叶片，病斑近圆形、褐色至暗褐色，后期中心部分转为灰白色，潮湿时病斑两面生淡黑色霉状物。

（2）**防治方法** 秋季清洁田园，彻底清除病株残体。合理密植，及时中耕除草，控施氮肥。在发病初期喷洒75%百菌清可湿性粉剂500倍液。

2. 轮 纹 病

（1）**危害症状** 主要危害叶片，病斑近圆形、暗褐色，以后中心变为灰白色，边缘不整齐，稍有轮纹，病斑生小黑点，即病原菌的分生孢子器。

（2）**防治方法** 同灰斑病。

3. 白 粉 病

（1）**危害症状** 叶两面生白色粉状斑，后期粉状斑上长出黑点，即病菌的闭囊壳。

（2）**防治方法** 彻底清除病株残体，减少越冬菌源。发病初期喷50%甲基硫菌灵可湿性粉剂1000倍液。

4. 红花指管蚜、菊小长管蚜

（1）**危害症状** 危害茎叶、果实，严重时可造成绝产。

（2）**防治方法** 可喷施40%乐果乳油1000倍液，或10%氰戊菊酯乳油3000倍液防治。

5. 斜纹夜蛾

（1）**危害症状** 幼虫啃食叶片，造成缺刻、孔洞。

（2）**防治方法** 可喷施90%晶体敌百虫800～1000倍液防治。

6. 棉 铃 虫

（1）**危害症状** 以幼虫危害叶片，使叶片造成缺刻，严重时花和幼果全部被害，造成大幅度减产。

（2）**防治方法** 采取冬耕冬灌，消灭越冬蛹，减少翌年虫源。

利用黑光灯诱杀成虫。幼虫可用 90% 晶体敌百虫 1 000 倍液喷杀。

7. 地 老 虎

（1）**危害症状**　幼虫咬食叶片或心叶。

（2）**防治方法**　可用 90% 晶体敌百虫 50 克、红糖 500 克溶于 0.5 升水中，再与炒香的米糠 5 千克拌匀制成毒饵诱杀。也可在早晨进行人工扑杀。

8. 蚂 蚁

（1）**危害症状**　咬食主根，严重时造成秧苗成片死亡。

（2）**防治方法**　可用 80% 敌敌畏乳油 2 000 倍液浇灌根际。也可用动物骨头诱杀。

（七）采收与贮藏保鲜

播种后 100～140 天可采收，具体采收期依播种季节和品种而异。秋牛蒡应在翌年 6 月底采收完毕，以避开蛴螬幼虫危害期。春牛蒡可从 8 月份收获至 11 月份，也可留在地里随时收获，直到翌年 3 月份。采收时，割去叶片，在地面上留 15 厘米长的叶柄，在根的侧面挖至 15 厘米深时用手拔出。采收后除去泥土，进行分级捆把，出售。一级牛蒡长约 80 厘米，二级牛蒡长 60～80 厘米，三级牛蒡短于 50 厘米。收获后先在 5℃ 条件下预冷，然后装入塑料袋内，在温度 0℃～4℃、空气相对湿度 90% 条件下贮藏。

十、苦菊

（一）生物学特性

苦菊为以嫩叶为食的菊科菊苣属1～2年生草本植物，又名苦菜、苦苣、狗牙生菜，可炒食或凉拌。因其味甘中略带苦，且有清热解暑之功效，深受消费者喜爱。苦菊性喜冷凉气候，初夏抽花茎，有抗菌、解热、消炎、明目等作用。苦菊叶披针形，头状花序，约有小花20朵，花冠淡紫色。种子短柱、灰白色，千粒重约1.6克。苦菊是一种中生阳性植物，喜水、嗜肥、不耐干旱，喜潮湿、肥沃而疏松的土壤，以微酸至中性沙土上生长最好；对干旱、土壤板结而贫瘠的环境难以适应。苦菊的耐寒性比较强，在温带地区，秋季能长出根系良好的苗株，其地下部分能够顺利越冬。当气温达5℃时能缓慢生长，即使遇到–10℃的短期低温，苗株仍能保持青绿。

（二）主栽品种

1. 花叶苦菊

叶片长椭圆形、深裂，叶缘锯齿状、多皱褶。外叶绿色，心叶浅绿色，单株重500克左右。口感略带苦味，品质较好，生食或涮食均可。生长适温15℃～20℃，耐热及耐寒性均较强，病虫害少，生长期70～80天。

2. 碎叶苦菊

叶片细长、深裂，叶缘锯齿状，外叶绿色，心叶浅绿色。口感略带苦味，品质较好，适宜生食、涮食。生长适温15℃～20℃，耐热及耐寒性均较强。

3. 香脆苦菊

叶片长椭圆形、浅裂，叶基部宽，叶缘锯齿状、多皱褶。植株开展度较小，外叶绿色，心叶浅绿色，可叠抱成球状，品质佳。口感略带苦味，适宜生食、涮食。生长适温15℃～20℃，耐热及耐寒性均较强，病虫害少，生长期70～80天。

（三）播种育苗

1. 播种时间

华北地区大棚栽培播种适期为7月下旬至8月中旬，过晚苗小，抗寒、抗旱能力低，产量下降。由于苦菊种子没有休眠期，采种当年即可播种栽培。

2. 播种育苗

苦苣育苗，每667米²大田需苗床8～10米²，需种子20～25克。播种前苗床要培肥，播后覆盖保湿，以利全苗。直播要求土壤疏松肥沃、排灌方便的地块，深耕并耙平，做2～3米宽的平畦。播种时在畦面上按20～25厘米的行距开浅沟，将种子均匀撒入沟内，然后覆盖上一层细土，覆土层不宜过厚，控制在0.5厘米左右为宜。

3. 播后管理

播种后喷洒适量水，底水要浇透，播后不用踩踏，轻拍即可，否则阻碍芽苗破土，影响出苗率。畦面加盖塑料薄膜保温，并在膜上加盖草苫，以防日晒高温影响发芽。若能将种子催芽后播种，则保证齐苗的效果更好。播种后要保证畦面湿润。

（四）整地定植

1. 整　地

直播或移栽前将土壤耙细耙平，结合整地每667米²施充分腐熟农家有机肥 3 000 千克，施肥要适量，避免过量施肥造成烧苗。

2. 定 植

出苗后及时间苗、定苗，适宜的行株距一般为 25 厘米×15 厘米。育苗移栽的苗龄 30 天左右、4～5 片真叶时定植，行株距与直播相同。

（五）田间管理

1. 浇水中耕

播种后 7～8 天即可出苗，刚出土的幼苗根系细弱，要通过喷水保持土壤湿润，以防干旱。浇水 2～3 天后及时松土，既可抑制土壤水分蒸发，又能促进根系生长。杂草要随时拔除。定植时采用穴灌或沟灌的，待缓苗后浇 1 次缓苗水，田间湿度适宜时中耕松土保墒，促进根系发育和叶片生长。

2. 追 肥

苦菊以食叶为主，需氮较多。为了获得高产，需在 2～3 叶期进行 1 次叶面追肥，可喷施 0.5% 尿素溶液。立秋后，天气凉爽，苦菊生长比较旺盛，为促其根系粗壮，积累更多养分，需结合浇水追施 1 次稀大粪，每 667 米^2 用量 1 000 千克。

3. 温度管理

在棚室中定植的秋冬苦苣，当外界气温逐渐降低时，应通过增加保温设备和通风换气米调节温度，使白天温度保持 15℃～20℃、夜间 10℃左右。春夏栽培的苦苣定植后温度逐渐升高，棚内温度过高不利于生长，所以当棚温达到 25℃时要及时通风降温，保证温度在 20℃左右。随着日照增强，应搭棚覆盖芦苫、遮阳网等降温。

（六）病虫害防治

1. 霜 霉 病

（1）**危害症状** 发病初期，叶片出现不规则形病斑，呈褪绿或淡黄色，叶片背部生有白色霜状霉层。发展后病斑逐渐扩大，呈黄褐色，导致叶片枯死。病情严重时，会导致全叶干枯，无法食用。地势低洼、湿度较大、雾大露重、日暖夜凉、间距较小、田间密度过大通透性较差等，均会造成霜霉病的发生与流行。

（2）**防治方法** 选择地势较高、排灌良好的地块，整地翻耕要彻底。优选抗病品种，加强管理，控制好田间密度，提高植株间的通透度。合理浇水施肥，雨水多时要及时排水，避免田间积水。施肥要适量，避免偏施氮肥。及时清除病株杂草。适量喷施叶面肥，提高植株自身的抗病能力，促进良好生长。发病后，可用72%霜脲·锰锌可湿性粉剂800倍液，或69%烯酰·锰锌可湿性粉剂800倍液喷雾防治，每10天左右喷1次，连喷2～3次。将药液喷洒在基部叶片、叶背部，避免漏喷。

2. 病 毒 病

（1）**危害症状** 发病后植株矮缩、弱化，叶片细小呈带状，叶片颜色深浅不一，植株矮小，绿叶数量偏少，严重影响产量与质量。病毒主要靠种子和蚜虫进行传播。病毒病的高发主要受天气影响，如高温、少雨、干旱等。当温度高于18℃，又遇少雨干燥天气，极易引发蚜虫害迅速传播病毒病，造成危害。

（2）**防治方法** 选用抗病良种，采用药物拌种，可有效杀灭种子上的病毒。合理密植，以利于植株间通风透气。及时浇水，保持土壤适宜的湿度，浇水不宜过大过猛，注意小水勤浇。发现病株立即摘除，并用药物消毒病株周围的土壤。及时清除田间及周围杂草，减少虫害及其他病害的发生。科学施肥，促进植株长势健壮，提高其自身抗病力。发病初期可用20%吗胍·乙酸铜可湿性粉剂500倍液，或5%菌毒清水剂300倍液，或1.5%烷醇·硫酸铜乳剂1000倍液喷雾防治，每8～10天喷1次，连喷2～3次。及时防治蚜虫，发现蚜虫立即喷洒40%乐果乳油1000倍液，或50%抗蚜威可湿性粉剂2000～3000倍液，或20%氰戊菊酯乳油2000～3000倍液。采收前15天不再喷药，药物交替使用，避免产生抗药性。

（七）采收与贮藏保鲜

当叶生长到 4 厘米以上时，便可收获上市。为防叶片萎蔫，影响销路，建议在早晨采摘。苦菊贮藏保鲜以在低温下塑料薄膜包装为好，塑料袋采用厚度为 0.035 毫米、长 45 厘米、宽 30 厘米的聚乙烯塑料薄膜袋。收获后应在 5℃条件下预冷，然后装入塑料袋内，在温度 4℃～9℃、空气相对湿度 90% 条件下贮藏。

十一、银丝菜

（一）生物学特性

银丝菜，是从日本引进的十字花科叶用芥菜新品种，以柔嫩的嫩叶及白色叶柄供食用，风味近似小白菜。品质柔嫩，无芥辣味，清鲜可口，风味独特，可炒食、涮火锅、腌渍、凉拌等，很受消费者欢迎，市场前景看好。银丝菜喜冷凉温和的气候，在华北地区主要以露地栽培为主。

银丝菜株高40～100厘米，浅直根系，主根圆锥形，须根发达，再生能力强。在营养生长期为短缩茎，第二年进入生殖生长期抽生花薹，茎基部具极强的分枝能力，每个叶腋均能发生新的植株。叶片羽状深裂、浅绿色、有光泽，叶质薄，叶面光滑。叶柄长，横切面呈楔形至半圆形，有浅沟，银白色，故有银丝之称。叶片最长可达53.3厘米、宽约12.8厘米。植株冬性强，在冬春季种植不易抽薹。复总状花序，完全花，花冠黄色，花瓣4片。果实为长角果。种子圆形，黑色至红褐色，千粒重约1.7克。银丝菜为喜光植物，在阳光充足和适宜的温度条件下生长旺盛；也较耐阴，但过度遮阴会导致产量下降。银丝菜喜冷凉温和的气候，茎叶生长适温为18℃～22℃。植株较耐寒，在10℃以下生长缓慢，地上部分能耐受−3℃的低温。但不耐高温，在30℃条件下生长不良，并易引起病害，严重时导致减产。银丝菜对土壤的要求不严格，但喜肥沃、疏松、潮湿的土壤。生长期对水分的要求较高，但不耐涝。

（二）主栽品种

1. "京锦"金线芥

早熟型 F_1，生长旺盛，抗病性强。植株开展度小，叶鲜绿色、尖圆形，叶柄细圆形、奶白色，分蘖力强，产量高，品质好。

2. 早生壬生菜

耐寒，早熟型品种。叶片略大，叶柄圆细，辛辣味较淡。较耐高温，适于夏季及初秋栽培。

3. 中熟壬生菜

耐寒性强，植株分蘖多，生长势旺盛，品质柔嫩，适于冬季保护地栽培。

4. 黑叶金丝芥

耐寒性极强，晚抽薹，植株分蘖力强，生长势旺盛，抗病，高产，单株重 3～4 千克，可早春栽培。

（三）播种育苗

1. 播种时间

银丝菜播种期弹性较大，可以根据市场需求灵活安排，但最好避开夏季栽培。

2. 直接播种

直播每 667 米^{2}用种量 250～300 克，播种时将种子与细沙混合均匀撒播于畦面，再盖 0.8～1 厘米厚的细土，然后淋透水。

3. 露地育苗

宜选肥沃、疏松、向阳、前茬未种过十字花科植物（白菜、包菜、油菜等）的地块。播种前深翻田土，每 667 米^{2}施腐熟堆肥 1 000 千克作为基肥，整平做畦。可用 1% 的 50% 多菌灵可湿性粉剂进行土壤消毒，平整畦面后播种。前期种过十字花科作物的土地则必须用 99% 噁霉灵原粉 3 000～6 000 倍液喷洒消毒，每平方米苗床用药液 3 克，喷药后最好用塑料薄膜覆盖闷土 2～3 天。揭膜后待地温恢复正常再平整畦面播种，每 667 米² 用种量 150～200 克。播种后若气温过低可采用小拱棚保温催芽，一般播种后 2～3 天出苗。1～2 片真叶时间苗，并叶面喷施 0.2% 尿素溶液 2 次，间隔 7～15 天后可用 1∶10 的稀粪水浇淋 1～2 次。育苗期 25～30 天。

4. 穴盘育苗

银丝菜苗期幼苗较纤细，穴盘可用 288 孔苗盘或抛秧盘，培育基质用火烧土 1 份、细碎菜园土 2 份、腐熟农家肥 0.2～0.5 份，细碎混合拌匀，装盘点种，每穴 1～2 粒种子，播后覆盖细土约 0.5 厘米厚并喷 1 次透水，以水从穴盘底孔滴出为止，喷水后各格室清晰可见。每 667 米² 用种量 150～200 克。苗期要经常保持基质湿润，土面发干即要喷水，温度最好能保持在 15℃ 以上，低于此温度苗期将会延长。肥水管理基本与露地育苗相同。注意防治猝倒病及蚜虫、小跳甲等。幼苗 4～5 片真叶时定植。

（四）整地定植

1. 整 地

选择透气性较好、土质肥沃、排水良好、最好前茬未种过十字花科农作物的土地种植。结合整地每 667 米² 施腐熟有机肥 2 000 千克，耙碎拌匀。用 99% 噁霉灵原粉 3 000～6 000 倍液，每平方米用药液 3 克喷洒，可防治土传根系病菌而引发菜苗猝倒病。深翻 15～20 厘米，做 100 厘米宽的畦。

2. 定 植

按株行距 20 厘米×25 厘米，每 667 米² 栽植 10 000 株左右，定植密度越大，梗越白，品质越好，单产也越高。移苗要带土坨，以保护根群不受伤断。栽植不宜深，以土坨与地面相平即可，勿把菜心埋在土中。栽植时注意尽量少伤根，不使根扭曲。定植后浇足定根水，以利迅速缓苗成活。

（五）田间管理

银丝菜为浅根性作物，生长快，需水量相应较多，浇水易勤，以保持土壤湿润且不积水为宜。在移苗至封垄前，结合中耕除草2～3次，既除去杂草，又有利于土壤保湿。田间追肥宜掌握"先淡后浓，先少后多"的原则，整个生长期追肥4次。在定植后7～10天进行第一次追肥，浇施2∶8（2份肥，8份水）腐熟人畜粪水1000千克。定植后15天进行第二次追肥，每667米^{2}施3∶7腐熟人畜粪水1000千克，加尿素3～4千克，促进植株生长。第三次追肥在分蘖中期进行，每667米^{2}施3.5∶6.5的腐熟人畜粪水1500千克，加入尿素5～6千克，促进分蘖叶片生长。第四次追肥在分蘖盛期，每667米^{2}施4∶6腐熟人畜粪水2000千克，加入尿素7～8千克，促进叶片迅速生长，提高单位面积产量。

（六）病虫害防治

1. 猝倒病

（1）**危害症状**　幼苗大多从茎基部感病（也有从茎中部感病的），初为水渍状，很快扩展、缢缩变细如"线"样，病部不变色或呈黄褐色，病势发展迅速，在子叶仍为绿色、萎蔫前即从茎基部（或茎中部）倒伏贴于床面。苗床湿度大时，病残体及周围床土上可生一层絮状白霉。出苗前染病，引起子叶、幼根及幼茎变褐腐烂，即为烂种或烂芽。病害开始往往仅个别幼苗发病，条件适合时以病株为中心，迅速向四周扩展蔓延，形成一片一片的病区。

（2）**防治方法**　①做好土壤消毒，最佳方案是使用95%噁霉灵原粉进行土壤喷雾消毒。也可每平方米用50%多菌灵可湿性粉剂6～8克或50%福美双与适量细沙土混合均匀，制成药土撒施进行防治。②在幼苗期用石灰粉与草木灰以1∶4的比例混合均匀，每667米^{2}苗床撒施100～150千克防治。③发生病害后可用50%福美双可湿性粉剂 400～500 倍液，或 75% 百菌清可湿性粉剂 600 倍液喷洒幼嫩茎和中心病株及周围的病土，每 7～10 天喷 1 次，连喷 2～3 次。

2. 病 毒 病

（1）**危害症状** 发病轻的部分叶片浓淡不均褪绿，发病重的全株褪绿变黄。

（2）**防治方法** 主要由有翅蚜虫传播，栽后至采收前 20 天，可用 50% 抗蚜威可湿性粉剂 1 500 倍液，或 10% 吡虫啉可湿性粉剂 1 500 倍液喷洒防治蚜虫，每隔 7～10 天喷 1 次，连喷 2～3 次，便可达到治虫防病的效果。发病后可用 50% 代森锌可湿性粉剂 400～600 倍液，或 20% 吗胍·乙酸铜可湿性粉剂 500 倍液喷雾防治，每隔 7～10 天喷 1 次，连喷 2～3 次。

3. 潜叶蝇防治

避免使用未腐熟粪肥，特别是厩肥，以免把虫源带入田中。银丝菜生长期较短，用药必须注意农药残留问题，要选择残效短、易于光解、水解的药剂。此外，由于潜叶蝇是幼虫潜入叶内危害，所以用药必须抓住产卵盛期至孵化初期的关键时刻。可选用 2.5% 溴氰菊酯乳油或 20% 氰戊菊酯乳油 3 000 倍液，或 80% 敌百虫可溶性粉剂（或 90% 晶体敌百虫）1 000 倍液，或 50% 辛硫磷乳油 1 000 倍液喷杀。

4. 黄曲小跳甲防治

可用 50% 辛硫磷乳油 1 000 倍液，或 20% 甲氰菊酯乳油 3 000 倍液喷杀。

（七）采收与贮藏保鲜

直播方式种植的应在播种后 20～30 天采收，可一次全部拔收，也可分多次间拔采收，或按 20～30 厘米定苗，最后采收大株。育苗移栽方式种植的一般在定植后 30 天左右采收，定植密度越大，采收越早。当植株分蘖达到 12 个以上时即可陆续采收上市，过早收获产量低；过迟采收，粗纤维增多，品质降低。如气温较低可在单株达 50 克以上时采收。

采收后如需长途运输应放于筐内，在温度 1℃～3℃、空气相对湿度 96% 的室内进行预冷，约 24 小时后便可用泡沫塑料箱包装运输，或贮存于 1℃的冷库中。

十二、罗马花椰菜

（一）生物学特性

罗马花椰菜又称青宝塔，是花椰菜的一个变种，从欧洲引进栽培。罗马花椰菜花蕾翠绿色，由一座座玲珑剔透的小宝塔组成，形似宝塔，所以人们叫它宝塔花菜，其形状奇特，口感脆嫩，用刀切开摆在餐盘上高贵典雅，为餐桌增加档次。罗马花椰菜含有丰富的维生素及矿物质，尤其是维生素 C 含量较高，它的粗纤维含量少，质嫩适口，味道清淡，容易消化，尤其适于老人、孩子、病人食用。产品深受宾馆、饭店及中高档消费者欢迎。

罗马花椰菜种子发芽适宜温度为 15℃～30℃，生长发育适温为 18℃～24℃。花芽分化期对温度要求严格，要求低温刺激才能从叶丛生长转入花芽分化并形成花球，一般极早熟品种需要在 22℃～23℃、早熟品种在 17℃～18℃条件下 15～20 天，中熟品种需要在 22～25 天，晚熟品种在 15℃以下条件下 30 天，方可进入花芽分化。花球形成期的适宜温度为早熟品种 18℃～24℃、早中熟品种 15℃～20℃、中熟品种 13℃～18℃、晚熟品种 15℃～17℃，高于或低于其适宜结球温度时其花球形成均不良。若高于 25℃时，大部分品种所形成的花球松散、变黄，品质变劣；超过 30℃时花球不能形成；低于 8℃花球生长缓慢；低于 0℃花球易受冻。

罗马花椰菜属于低温长日照作物，喜光，在充足的光照条件下，生长发育正常，花球紧密，颜色正常，商品价值高。光照不足时，植株生长不良，矮小，花茎伸长，花球较小，颜色不正常，严重影响花球品质。因此，罗马花椰菜生长过程必须见阳光，以免造成花球变黄，影响质量。

罗马花椰菜喜湿润环境，对水分需求量较大，尤其是花球形成期需要水分更多，缺少水分，抑制花球形成，会降低产量与品质。土壤相对含水量以 70%～80% 为宜，过湿会造成植株病害和花球腐烂。空气相对湿度也不宜过大，花球形成期为 80%～90%，特别是在夏季栽培时，不要让雨水和露珠直接落在花球上面，以免花球腐烂。花球采收前缺水，会导致花球变异、松散，影响产量和品质。

罗马花椰菜对土壤要求不太严格，各种土壤均可，但以有机质丰富、土层深厚、疏松透气、排水良好的壤土或沙壤土为佳。pH 值适宜范围为 5.5～8，以 6 左右为好。罗马花椰菜非常耐肥，在整个生长发育过程中，对氮、磷、钾的吸收以氮、钾较多，磷较少。

（二）主栽品种

1. 青塔 1 号

中晚熟一代杂交种，从播种到采收需要 130 天左右。植株长势旺盛，耐热、耐寒性强。花蕾绿色，花球黄绿色，结球美观，商品性好，口感细嫩、脆甜，单球重 800 克左右。

2. 普 螺 丝

荷兰进口的中晚熟杂交一代品种。产量高，花球美观、鲜绿色，小花球宝塔形，收获期一致。适合南方秋冬季栽培，北方部分地区大棚栽培或高原早春栽培，成熟期为定植后 92 天左右。用于出口蔬菜，可加工腌制。

（三）播种育苗

1. 播种时间

罗马花椰菜的生育期较长，种植时应根据当地的栽培条件和气候特点及消费者的需求来安排茬口。以华北地区为例，有以下几个种植茬口：①春日光温室栽培。一般1月上中旬播种育苗，2月上中旬定植，5月底至6月上旬采收。②春大棚栽培。一般1月下旬至2月上旬育苗，3月上中旬定植，7月初采收。③秋日光温室栽培。一般6月底至7月上旬播种育苗，7月下旬至8月初定植，12月底至翌年2月上旬采收。④秋季露地栽培。一般7月中旬播种育苗，8月中旬定植，11月份以后可以陆续采收。

2. 育 苗

可以采用50穴或72穴的塑料穴盘或6厘米×10厘米的营养钵育苗。以草炭、蛭石为基质，其比例为2：1，并加入5%腐熟细碎的有机肥。浇足底水后点种，播种后覆盖0.8～1厘米厚的基质。苗期白天适宜温度为20℃～24℃、夜间10℃左右。罗马花椰菜的壮苗标准为：苗龄30～40天，具有6片真叶，茎粗壮、节间短、叶片肥厚、深绿色，无病虫害。

（四）整地定植

1. 整 地

选择肥沃壤土或沙壤土，定植前15天将田块翻耕晒垡，施足基肥，每667米^{2}撒施充分腐熟农家肥2 500～4 000千克，耕入土中。罗马花椰菜虽喜湿润环境，但耐涝力很差，所以在多雨及地下水位高的地方，需采用深沟高畦栽培，以利排水。整成宽120厘米、高25厘米的高畦，沟宽30厘米。在畦面上开2条间距50厘米、深15厘米的施肥沟，每667米^{2}施钙镁磷肥30千克、三元复合肥35千克、硫酸钾25千克，施肥后覆土平沟。

2. 定 植

定植小苗可提高定植成活率，所以苗龄应尽量控制在30～40天，选阴天或傍晚时进行定植。定植前1天浇透水，便于起苗时土坨不散、多带土少伤根，随起苗随定植。行距60厘米，株距40厘米，每667米^{2}定植2 800株左右，早春定植需地膜覆盖。注意不要栽植过深，以土坨低于地面1～2厘米为宜，定植后及时浇水。

（五）田间管理

1. 中　耕

缓苗后要做好中耕除草和培土护根工作。中耕松土 1～2 次，以提高地温，促进根系生长，保持土壤湿润。

2. 调节温度

缓苗时白天温度保持 21～26℃、夜间 13℃～15℃。缓苗后白天温度降至 18℃～23℃、夜间 10℃左右，每天通风 1～2 次。

3. 追　肥

定植后 15～20 天第一次追肥，每 667 米^2 施三元复合肥 20 千克。以后根据生长情况需分次追肥，当有 15～17 片叶时，每 667 米^2 随水追施尿素 5～10 千克、氯化钾 15 千克、过磷酸钙 10 千克。当植株心叶开始旋曲进入花球初期时，每 667 米^2 施尿素 10 千克、三元复合肥 15 千克，并结合喷药叶面喷施硼肥。结球中期每 667 米^2 施三元复合肥 15～20 千克；莲座期以后叶面喷肥 3～4 次，每 667 米^2 喷施 0.3%磷酸二氢钾 +0.2%尿素混合液 60～90 千克，每隔 10 天左右喷施 1 次。

4. 浇　水

水分对产量和产品品质有很重要的作用，尤其是莲座期，若水分不足容易引起植株矮小、结球早、球小、产量低的现象；过大会使营养生长过旺，结球晚且球小。以土壤相对含水量 70%～80% 为宜。结球初期和每次追肥后均不能缺水，一般 7～10 天浇水 1 次，注意水量不要过大。在栽培过程中要保持土壤湿润，雨季要及时排水。

（六）病虫害防治

1. 软　腐　病

（1）**危害症状**　由细菌引起的软腐病常发生恶臭；由黑根霉引起的软腐病在病组织表面生有灰黑色霉状物。病斑呈片状由叶柄向上扩展。由于根和茎基受害后组织变脆，发病晚期病株则自行倾倒、腐烂，受害叶叶脉变为黑褐色。

（2）**防治方法**　发病初期可喷施：72%硫酸链霉素可溶性粉剂3 000～4 000倍液，或90%新植霉素可湿性粉剂4 000倍液，或30%氧氯化铜悬浮剂300～400倍液，或14%络氨铜水剂350倍液，每7～10天喷施或浇施1次，连续喷施2～3次。

2. 猝 倒 病

（1）**危害症状**　幼苗大多从茎基部感病，初为水渍状，很快扩展、缢缩变细如"线"样。病部不变色或呈黄褐色，病势发展迅速，在子叶仍为绿色、萎蔫前即从茎基部（或茎中部）倒伏而贴于床面。苗床湿度大时，病残体及周围床土上可生一层絮状白霉。出苗前染病，引起子叶、幼根及幼茎变褐腐烂，即为烂种或烂芽。病害开始往往仅个别幼苗发病，条件适合时以这些病株为中心，迅速向四周扩展蔓延，形成一块一块的病区。

（2）**防治方法**　可选用58%甲霜·锰锌可湿性粉剂500倍液，或64%噁霜·锰锌可湿性粉剂500倍液喷雾防治，每7～10天喷1次，连续喷施1～2次

3. 霜 霉 病

（1）**危害症状**　主要危害叶片，由基部向上部叶发展。发病初期在叶面形成浅黄色近圆形至多角形病斑，空气潮湿时叶背产生霜状霉层，有时可蔓延到叶面。后期病斑枯死连片，呈黄褐色，严重时全部外叶枯黄死亡。

（2）**防治方法**　发病初期用58%甲霜·锰锌可湿性粉剂600倍液，或64%噁霜·锰锌可湿性粉剂500倍液，或30%氧氯化铜悬浮剂300～400倍液，或40%三乙膦酸铝可湿性粉剂250倍液喷施，每7～10天喷1次，连续喷2～3次。为减缓病菌产生抗药性，以上药剂最好交替使用。

4. 黑腐病和黑斑病

（1）**危害症状**　黑腐病主要危害叶片，病斑从下部叶片逐渐扩展至上部叶片。叶片表面有部分黄变，其背面出现灰白色轮廓

不分明的病斑，密生灰白色霉层。不久之后，叶表面也生成霉层，最后叶片卷曲干枯；黑斑病主要危害叶片，症状有两种类型：一是发病初期叶表面出现红褐色至紫褐色小点，逐渐扩大成圆形或不定形的暗黑色病斑，病斑周围常有黄色晕圈，边缘呈放射状，病斑直径 3～15 毫米。后期病斑上散生黑色小粒点，严重时植株下部叶片枯黄，早期落叶，致个别枝条枯死。二是叶片上出现褐色到暗褐色近圆形或不规则形的轮纹斑，其上生长黑色霉状物，严重时叶片早落。

（2）**防治方法**　黑腐病在发病初期可用 72% 硫酸链霉素可溶性粉剂 1000 倍液，或 70% 氢氧化铜可湿性粉剂 800 倍液喷雾防治，发病严重时交替用药，每隔 5～7 天喷 1 次，连续用药 2～3 次；黑斑病在发病初期可用 50% 多菌灵可湿性粉剂 500 倍液，或 65% 代森锌可湿性粉剂 500 倍液，或 50% 甲基硫菌灵可湿性粉剂 500 倍液喷洒，连续喷洒 1～3 次，每 7 天喷 1 次。为减缓病菌产生抗药性，药剂交替使用。

5. 虫害防治

虫害有跳甲、蚜虫、小菜蛾、菜螟、甘蓝夜蛾、菜青虫等。跳甲、蚜虫可用 48% 毒死蜱乳油 1000～1500 倍液喷施防治；小菜蛾、菜青虫可用 2.5% 多杀霉素悬浮剂 1500 倍液喷施防治；菜螟可用 2.5% 溴氰菊酯乳油 1000～1500 倍液喷施防治；甘蓝夜蛾可用 10% 虫螨腈悬浮剂 1500 倍液喷施防治。

（七）采收与贮藏保鲜

罗马花椰菜采收期较为严格，过早采收影响产量，过迟会使花球松散影响商品性。适宜的采收标准是蕾细花球紧密、球重 1.5 千克左右、花球边缘花蕾粒将要或略有松散。采割时要保留花周围 4～5 片小叶，采收宜在清晨进行，这样不仅可以降低花球的温度，而且还能保持花球新鲜度和花蕾紧实度。采收后应及时销售或放入预冷库预冷至 1℃～2℃。为延长保鲜期，可使用 0.015～0.03 毫米厚的聚乙烯薄膜单花球包装，必要时在袋上打 2 个小孔。贮藏温度要求为 0℃～1℃、空气相对湿度为 90%～95%。贮藏管理中应注意适时通风换气，或在顶层留出空间放置乙烯吸收剂。用聚苯乙烯泡沫箱装载，装箱后立即加盖入库，切忌堆放。

十三、抱子甘蓝

（一）生物学特性

抱子甘蓝，别名芽甘蓝、子持甘蓝，十字花科芸薹属甘蓝种2年生草本植物，为甘蓝种中腋芽能形成小叶球的变种。原产于地中海沿岸，以鲜嫩的小叶球为食用部位。抱子甘蓝是欧洲、北美洲国家的重要蔬菜之一，在英国、德国、法国等国家种植面积较大，我国台湾省有小面积种植。抱子甘蓝的小叶球蛋白质含量很高，居甘蓝类蔬菜之首，维生素C和微量元素硒的含量也较高。我国于近年来开始引进并生产抱子甘蓝，在华北、华南、西南等大中城市郊区已有种植，面积较小，主要是供应大饭店和宾馆，百姓餐桌上还不多见。随着稀特蔬菜的发展，抱子甘蓝在我国生产和销售将会迅速发展。

抱子甘蓝叶稍狭，叶柄长，叶片勺子形、有皱纹。茎直立，顶芽开展，腋芽能形成许多小叶球。抱子甘蓝品种分高、矮2种类型，矮生种茎高50厘米左右，较早熟；高生种茎高100厘米以上。按叶球大小又可分为大抱子甘蓝和小抱子甘蓝。大抱子甘蓝小叶球直径大于4厘米；小抱子甘蓝直径小于4厘米，品质较好。抱子甘蓝喜冷凉的气候，耐寒力很强，在温度下降至-3℃～-4℃时也不致受冻害，能短时耐受-13℃或更低的温度。抱子甘蓝耐热性较结球甘蓝弱，生长适温为18℃～22℃，小叶球形成期最适温白天为15℃～22℃、夜间9℃～10℃，昼夜温差为10℃～15℃的季节生长最好。抱子甘蓝属长日照植物，但对光照要求不甚严格，光照充足时植株生长旺盛，小芽球坚实且大。在芽球形成期如遇高温和强光，则不利于芽球的形成。整个生长期喜湿润，但不宜过湿，以免影响抱子甘蓝的生长。抱子甘蓝喜土层深厚、肥沃疏松、富含有机质、保水保肥的壤土或沙壤土，适宜的土壤 pH 值为 5.5～6.8。

（二）主栽品种

1. 早生子持

从日本引进的杂种一代。耐暑性较强，极早熟，从定植至收获90 天左右，在高温或低温下均能结球良好。植株为高生型，株高约 1 米，生长旺盛。叶绿色，少蜡粉，顶芽能形成叶球。小叶球圆球形，横径约 2.5 厘米、绿色，整齐紧实。每株约收芽球 90 个，品质优良。

2. 科仑内

从荷兰引进的杂种一代。植株中等高，叶灰绿色。芽球光滑、整齐，可机械采收。

3. 京引 1 号

中熟，从定植至收获需 120 天左右。矮生型，株高约 38 厘米。叶片椭圆形、绿色，叶缘上抱。叶球圆球形、较小、紧实，品质好。

4. 王 子

从美国引进的杂种一代，早熟，从定植至收获需 96 天左右。植株为高生型，株形紧凑，小叶球多而整齐，品质好，既可鲜销也可速冻。该品种不耐高温，在高温的夏季小叶球易松散。

5. 探 险 者

从荷兰引进的晚熟种，定植后至收获需 150 天左右。植株中高至高生型，茎生长粗壮。叶片绿色、有蜡粉，单株结球多，叶球圆球形、光滑紧实、绿色，品质极佳。该品种耐寒性很强，适宜早春、晚秋露地栽培或冬季保护地栽培。

（三）播种育苗

1. 播种时间

华北地区春季露地栽培用早熟品种，2 月上旬保护地育苗，3

月下旬至 4 月初定植于大田，6 月下旬收获完毕。秋季栽培于 6 月上中旬育苗，早熟矮生种于 7 月下旬定植，10～11 月份收获；高生早熟种于 8 月上旬露地定植，10 月下旬始收至 11 月上旬，于严冬前带土坨挖起，移栽于保护地，继续收获至翌年 3 月份。

2. 育苗技术

抱子甘蓝多采用育苗移栽的方式，这样既可以节省用种量，也能提前育苗。播种期根据栽培季节而定，采用穴盘育苗或营养钵育苗，每 667 米^2 用种量为 10～15 克。春季用 72 孔穴盘，夏、秋季可用 128 孔穴盘。基质用草炭 1 份加蛭石 1 份，或草炭、蛭石、废菇料各 1 份，覆盖料均用蛭石。每立方米基质加尿素和磷酸二氢钾各 1.2 千克，肥料与基质混拌均匀后备用。若用 128 孔苗盘育苗种植，每 667 米^2 需用 16 个苗盘、基质 0.06 米^3；用 72 孔苗盘则需 28～29 个苗盘、基质 0.14 米^3。用温汤浸种法浸泡处理种子后播种，每穴播种子 1～2 粒，播后覆蛭石约 1 厘米厚。播种后将苗盘喷透水，以水分从穴盘底孔滴出为宜，使基质相对含水量达 200% 以上。出苗后及时查苗补缺，早春育苗要注意保温，温度控制在 20℃～25℃，齐苗后注意通风；夏季育苗要防高温。当幼苗 3 叶 1 心时，结合喷水喷施 1～2 次叶面喷肥，可喷施 2% 尿素溶液。

如果用苗床育苗，苗床要选择通风良好、排灌方便的地块，每 667 米^2 大田用种量 20～25 克、需苗床约 4 米^2，播种后浅覆土。夏秋季育苗，播种后要用黑色遮阳网在床面直接覆盖，再浇透水，保持湿润。种子开始出苗后及时撤去遮阳网，降温防雨。高温炎热的晴天要日盖晚揭，小苗 2～3 片真叶时分苗，每 667 米^2 需苗床 10～13 米^2。

（四）整地定植

1. 整 地

抱子甘蓝生长期长，植株高大，种植田块要早耕、深耕、晒垡。结合整地每 667 米^2 施腐熟有机肥 3 000～5 000 千克、三元复合肥 50 千克，耕耘整平后做畦，畦的形式要根据土质、季节、品种等情况而定。地势高、排灌方便的沙壤土地区，可开浅沟或平畦栽培；土质黏重、地下水位高、易积水或雨水多的地区，则宜做高畦或跑水的平畦。

2. 定　植

一般苗龄 40 天左右、幼苗 5～6 片真叶时定植。早熟品种可做 1.2 米宽的畦，每畦种 2 行，株距 30～50 厘米，每 667 米^{2}栽植 2 000～2 500 株；高生种每畦种 1 行，每 667 米^{2}栽植 1 200 株，早期行间可间作短期蔬菜，如樱桃萝卜、油菜等。采用带土定植，尽量少伤根或不伤根，定植后成活率可达 100%。如果是用苗床育的苗，定植前 1 天苗床浇透水，翌日带土坨起苗，起苗后当天应定植完毕。

（五）田间管理

幼苗定植后要经常浇水，以保证生长对水分的需求。尤其是秋茬栽培，正是炎热高温季节，灌溉显得更为重要。浇水可以改良田间小气候，起到降温的作用，减少蚜虫及病毒病的发生。一般定植后 4～5 天，结合浇水点施提苗肥，每 667 米^{2}施尿素约 5 千克，以促苗快长。第二次追肥可在定植后 1 个月左右，以后在小芽球膨大期以及小叶球始收期分别再追肥 1 次，每次每 667 米^{2}施尿素 10～15 千克，或用腐熟人粪尿追施。植株生长中期，水分管理以见干见湿为原则。当下部小叶球开始形成时要经常灌溉，使土壤保持充分的水分，雨天要及时排水。每次浇水施肥后均要进行中耕松土和除草，并结合中耕进行培土，防止植株倒伏。当抱子甘蓝茎秆中部形成小叶球时，将下部老叶、黄叶摘去，以利于通风透光，促进小叶球发育，同时也便于将来采收小叶球。随着下部芽球的逐渐膨大，还需将芽球旁边的叶片从叶柄基部摘掉，以免叶柄挤压芽球，使叶球变扁。在气温较高时，植株下部的腋芽不能形成小叶球，或已变成松散的叶球，也应及早摘除，以免消耗养分或成为蚜虫藏身之处。同时，要根据具体情况摘顶芽，以减少养分消耗，促使下部芽球生长充实。一般矮生品种不需要摘顶芽。华北地区秋栽抱子甘蓝，10 月中下旬始收时，气温已逐渐下降，冬前需移植到保护地进行假植，使之继续生长，陆续收获。因此，在露地生长时可不打顶，以便抱子甘蓝多生叶，结更多的小叶球，增加产量。假植应在立冬前完成，要开沟带土坨假植，株行距 30 厘米 × 50 厘米，每 667 米 ^{2} 栽植 4 000 株左右。大棚内假植，冬季要用双层膜覆盖，假植时间从 11 月份收获至翌年 2 月底。在日光温室假植则要注意通风，白天温度控制在 15℃左右、夜间 5℃左右。

华北地区秋季利用大棚栽培，不仅能利用大棚遮挡强烈的阳光，还能防止暴雨的袭击，没有风吹雨涝的风险，秋末冬初还能保温，为抱子甘蓝的生长提供更长的生长期，比露地栽培的条件优越，产量也较高。根据大棚的特点，可将抱子甘蓝的播种期提前至6 月上旬，为防止高温影响抱子甘蓝的生长，宜在大棚内安装微喷以利于降温。用大棚栽培不需要考虑风雨的袭击，故可开沟定植，不进行培土，摘顶芽可推迟至 10 月下旬进行，使叶芽的数量增加。大棚栽培要注意钙的补给，因为抱子甘蓝需钙量较大，在用微喷灌溉时，常造成棚内土壤含盐量高，影响抱子甘蓝对钙的吸收。解决的方法是在高温期过后，改微喷为沟灌，浇水量要大，并叶面喷施0.3% 磷酸钙溶液，或 0.3%～0.5% 氯化钙溶液，1 周喷 1 次，连喷3～4 次。其他管理可参照露地栽培进行。

节能日光温室在秋冬春季能提供抱子甘蓝更适宜的生长条件、更长的生长时间，会获得更好的产量和优质的产品。播种期 7～10月份期间均可。使用品种除选用早熟品种外，还可用中熟品种栽培，摘顶芽的时间可根据具体情况和栽培条件进行，追肥的次数需相应增加，以防后期缺肥。收获期从 11 月份持续至翌年 6 月份。

（六）病虫害防治

抱子甘蓝病虫害与紫甘蓝相同，所以不宜与甘蓝类作物重茬。

主要病害有黑腐病、根朽病、菌核病、霜霉病、软腐病、黑斑病和立枯病等，要进行综合防治，如选用抗病品种、避免与十字花科蔬菜连作、适期播种、发现病苗及时拔除并结合药剂防治。防治病害的农药有代森锌、百菌清、波尔多液等杀菌剂。在华北地区，9月份是黑腐病易发期，幼苗染病后子叶和心叶变黑且枯萎，成株叶片多发生于叶缘部位，呈"V"形黄褐色病斑，病斑边缘淡黄色，严重时叶缘多处受害至全叶枯死。在高温高湿的环境下，宜每隔7～10天喷药1次进行预防。抱子甘蓝的虫害主要有菜粉蝶、菜蛾、菜蚜、甘蓝夜蛾、菜螟虫等，特别要注意防治蚜虫的危害，要及早治疗。这是因为蚜虫侵入小叶球后难以清洗，严重地影响产品质量，而且还传播病毒病。

（七）采收与贮藏保鲜

抱子甘蓝各叶腋所生的小叶球，是由下而上逐渐形成的，成熟的小叶球包裹紧实，外观发亮。早熟种定植后90～110天开始收获，晚熟品种需120～150天始收，每株可收40～100个小球。将采收的小叶球用打了小孔的保鲜膜包装，每0.5～1千克装1袋，然后装入纸箱，置于温度0℃左右、空气相对湿度95%～100%的条件下，可贮存2个月。经速冻处理后冷藏1年，仍能保持新鲜的品质。

十四、荷兰芹

（一）生物学特性

荷兰芹又名洋芫荽、番茜、番荽、香芹菜等，食用嫩叶，为伞形花科欧芹属1～2年生草本植物。原产于地中海沿岸，古希腊及罗马早在公元前已开始食用，我国近年才较多栽培，主要供西餐业应用，是西餐中不可缺少的香辛调味及装饰用蔬菜，宜生食，可以全年供应，经济效益显著。

荷兰芹主根分布在土表15～20厘米深处，根群分布浅。短缩茎，株高约30厘米。基出叶簇生、深绿色，为三回羽状复叶，叶缘锯齿状，有卷曲皱缩或不卷曲而平坦的板叶，叶柄长、绿色。生长盛期其叶腋间还可长出叶片，1株多达50余片叶，有香气。花白色或浅绿色、细小，两性花，花梗长，先端分枝，花群生成复伞形花序。种子细小，有3条边，平坦的面上有5条凸起的棱纹，种子灰褐色或浅褐色，有香气，千粒重2～2.86克，发芽力达3年以上。荷兰芹要求冷凉的气候和湿润的环境，植株生长适温为15℃～20℃，耐寒力较强，幼苗能耐受–4℃～–5℃的低温，成长株能耐受短期–7℃～–10℃的低温。不耐热，气温较高时易发生徒长，叶肉变薄。一般在幼苗发棵后，需要5℃以下的低温和较长的日照才能通过春化阶段进行花芽分化。抽薹期要求较高的温度，整个营养生长期需充足的光照。不耐干旱，也不耐涝，要求保水力强、富含有机质的肥沃壤土或沙壤土。对硼肥反应较敏感，缺硼时易发生裂茎。土壤最适pH值为5～7。

（二）主栽品种

1. 皱叶香芹

又称欧芹，株高约 30 厘米。叶缘缺刻细、深裂而卷曲，并成三回卷皱，如重瓣鸡冠状，外观雅致，是目前我国主要栽培品种。植株生长适温为 15℃～20℃，耐寒力较强，不耐热，不耐干旱，也不耐涝。

2. 板叶香芹

主根肉质、长圆锥形。叶片扁平，叶柄较细，叶缘缺刻粗大且尖。主根可食用或作药用。叶片适于作调味汁和酱汁。

3. 蕨叶香芹

叶片不卷皱，但深裂成许多分离的细线状，外观优美。主要用作盘菜的装饰。此类香芹种植较少。

（三）播种育苗

荷兰芹种子的发芽始温为 4℃，最适发芽温度为 20℃左右。从播种到采收需 4～5 个月，采收期长达 4～6 个月，全生育期将近 1 年，利用保护设施，可以实现周年生产和供应。目前，我国以皱叶荷兰芹种植较多，可根据市场需要选择适当品种。

1. 栽培模式

（1）冬播夏秋收　华北地区 1 月下旬至 2 月上旬，利用改良阳畦或日光温室育苗，3 月上旬至 4 月上旬露地定植，5 月中下旬始收。精细管理，夏季高温期采取喷灌、遮阴、浇地下凉水等降温措施，可持续收获至 11 月上旬，严冬前还可把香芹的老根带土挖出，移栽到日光温室，栽种 50 天后可再连续采收叶片 3 个月左右。我国长江流域地区从 12 月份至翌年 1 月份在保护地育苗，3 月份露地定植，5～12 月份收获。在夏季高温季节要搭架覆盖遮阳网或防雨棚，遮阴降温防暴雨。

（2）夏播冬收　华北地区夏播是在 6 月下旬至 7 月上旬育苗，8 月下旬至 9 月上旬定植于改良阳畦，10 月中下旬扣上薄膜，11 月下旬始收。长江流域于 6 月份开始直播或育苗，育苗的于 9 月上旬定植，11 月份开始采收，12 月份至翌年 3 月份可以覆盖大棚保温，可采收至翌年 5 月份抽薹开花前。

（3）**秋播春夏收**　南方冬季不太严寒的地区，均可于 10 月份播种，幼苗露地越冬（或温床越冬，严寒过后移植），翌年 5～8 月份收获上市。因越冬小苗不会感应低温，所以春季不会发生先期抽薹的现象。

2. 播种育苗

荷兰芹种子皮厚坚硬，并有油腺，难吸水，发芽慢而且参差不齐，故宜浸种催芽。用清水浸种 12～14 小时后，冲洗并轻揉搓去老皮，摊开晾干后播种。香芹直播、育苗移栽均可，但以育苗移栽为好。苗床要选择土壤肥沃、方便排灌的田块。结合耕地每 667 米 ^{2} 施石灰 100～150 千克、腐熟粪水 2 000 千克，整平后做成宽 1.2～1.3 米、高 0.2 米的畦床，畦面土粒要细碎均匀，播种前喷足底水，然后给畦面撒一层细土，使畦面平整一致。种子拌草木灰撒播，种子发芽率一般只有 50%～60%，每平方米苗床播种量 3～4 克。播后用木板稍镇压，然后铺盖麦秸、稻草等覆盖物，再浇水。如果是夏季播种，还要覆盖遮阳网，以降温防暴雨。冬季育苗，苗床温度白天保持 20℃～25℃、夜间不低于 15℃。齐苗后苗床温度白天保持 20℃左右、夜间 10℃～15℃。苗期应小水勤喷，幼苗 5～6 片真叶时即可定植。

（四）整地定植

1. 整　地

选择土质疏松、肥沃、排灌方便的地块种植。定植前 2 天整地，每 667 米 ^{2} 施腐熟厩肥 3 000～4 000 千克、石灰 100～200 千克、草木灰 100 千克、钙镁磷肥 50 千克，同时施 3% 氯唑磷颗粒剂 1～2 千克，以防治根结线虫。耕细耙平后做高 20 厘米、宽 1.3～1.5 米、长 20 米的畦。

2. 定 植

育苗移栽，定植株行距为 12～15 厘米×40 厘米。如果直播，苗出齐后要及时间苗，在苗 2～3 片真叶时进行第二次间苗，4～5 片叶时定苗。间下的幼苗可另外移栽培育，大苗亦可上市。

（五）田间管理

荷兰芹要求肥水充足。直播田块苗期结合间苗追施薄肥 1～2 次，可用 10% 稀粪水或 2%～3% 三元复合肥溶液浇灌。定植以后每月追肥 1 次，每次每 667 米^{2}施三元复合肥 15 千克。采收期间每采收 1～2 次，追施 1 次 0.33%～0.5% 尿素液，叶面喷施 2～3 次 0.3% 磷酸二氢钾或 0.1% 磷镁精溶液。雨季应注意排除畦面积水，高温干旱季节要浇水降温。灌溉宜在早、晚进行，浇水时应一次浇透，但要注意不能水漫畦面，可灌至大半沟水，让其自然渗透，然后再排去多余的水。

（六）病虫害防治

1. 叶 斑 病

（1）**危害症状** 主要危害叶片。初期呈黄绿色水渍状斑，后发展成圆形或不规则形，病斑灰褐色，边缘色稍深不明晰，严重时病斑扩大汇合成斑块，致叶片枯死。茎或叶柄上病斑椭圆形、灰褐色、稍凹陷。发病严重的全株倒伏。高湿时发病部长出灰白色霉层。

（2）**防治方法** 加强通风，降低湿度。发病初期用 50% 多菌灵可湿性粉剂 800 倍液喷施防治。保护地栽培每 667 米^{2}用 5% 百菌清粉尘剂 1 千克喷粉防治。每 7～10 天防治 1 次，连续防治 2～3 次。

2. 虫 害

主要虫害有蚜虫、胡萝卜蝇。蚜虫主要危害叶片，可用 50% 抗蚜威可湿性粉剂 2 000～3 000 倍液喷雾。胡萝卜蝇主要危害根和根茎部分，可用 50% 辛硫磷乳油 800 倍液，或 80% 敌百虫可溶性粉剂 1 000 倍液灌根。每隔 5～7 天防治 1 次，连用 2～3 次。

（七）采收与贮藏保鲜

当植株长至 12 片叶时开始采收，一般条件下，每 10 天可采收 2 片叶。超过 13 片叶的植株往往基部叶衰老，品质变劣。未长足 10 片叶时采收，叶小，商品性下降。理想的采收标准是单叶重 11 克左右，叶柄长 11～12 厘米。低温季节，为促进生长，基部可保留 1～2 个腋芽，以后抽生的叶片供采收。采收的叶片，经预冷处理后及时转入冷藏库预冷，当菜温降至 1℃ 左右时，装入聚乙烯薄膜袋，每袋约装 20 扎，每扎约 0.75 千克，松扎袋口，然后将袋子摆放在菜架上贮藏。短期贮运多用聚苯乙烯泡沫箱直接包装。

西芹贮藏温度为 0℃～1℃、空气相对湿度宜为 90%～95%。气调贮藏环境中要求氧气含量为 2%～3%、二氧化碳含量为 4%～5%。运输时最好用冷藏车，无冷藏设备的短期贮运可采用加冰块的方法，即西芹放入容器时每两层西芹加一层冰块，冰块大小如鸡蛋，放入塑料袋内平铺于菜面上，40 千克 1 箱装的西芹需冰块 10 千克，这样方能保持产品质地新鲜、细嫩。

十五、节 瓜

（一）生物学特性

节瓜又名毛瓜、北瓜，葫芦科1年生攀缘草本植物，是冬瓜的一个变种。经常食用对肾脏病、水肿病、糖尿病均有一定的辅助疗效。节瓜生长发育对气候条件的要求与冬瓜基本相同。对温度的要求，在各个生长时期有所不同，种子发芽期30℃左右发芽快。幼苗期可以耐受短时的较低温度，但较长时间的10℃以下温度就会发生冻害；25℃以上生长快，但生长纤弱，如湿度大还容易引起猝倒病和疫病；而以20℃左右为适宜。抽蔓期也以20℃左右为宜。在20℃～30℃之间对开花结果和蔓叶的继续生长都有利，在30℃左右也能正常结果，20℃以下则坐果不良，且果实发育缓慢，甚至畸形。节瓜对光照长短的要求不严格，多数品种在长日照和短日照条件下均能正常发育。节瓜幼苗期，在较低温度和短日照条件下，生长虽然较慢，但花芽分化则较早，发生第一雌花的节位降低；温度较高和长日照条件生长快，但发生雌花的节位有所提高。节瓜对光照强度要求严格，各个生长期均要求有良好的光照条件。光照不良，特别是经常阴天下雨，植株生长纤弱，容易感染病害，且不利于昆虫传粉和授粉，影响坐果，产量降低。节瓜根群发达，但由于叶面积大，蒸腾作用强，对水分的要求较为严格。在幼苗期需要水分较少，抽蔓后对水分要求逐步增多，开花结果期需要大量的水分。

（二）主栽品种

1. 七星仔

该品种主蔓长约 350 厘米，侧蔓多。叶长约 18 厘米、宽约 18 厘米、深绿色，叶缘具细齿。主蔓 3～7 节着生第一雌花，以后每隔 4～5 节着生 1 个雌花。果实圆柱形，瓜长 16～20 厘米，横径 6～6.5 厘米，瓜皮青绿色，具绿白色斑点，被白色茸毛，成熟瓜被白色蜡粉，肉厚 1.5～2 厘米、白色，单瓜重 300～400 克。早熟，播种至初收 45～85 天，延续采收 35～45 天。主蔓结瓜为主，适应性广，春、夏、秋季均可栽植。每 667 米^{2}产量 1 500～2 000 千克。

2. 黑毛节

该品种植株生长势强，侧蔓多。主蔓 4～8 节着生第一雌花，以后隔 4～6 节着生 1 个雌花，有的连续 2 节着生雌花。果实圆柱形，瓜长 18～21 厘米，横径 6～7 厘米，因为皮色浓绿、具茸毛，称为黑毛种。茸毛较硬，果面具暗纵纹斑点，顶端钝圆，肉厚而致密，品质优良，单瓜重 500 克左右。种瓜无蜡粉。适于冬春季种植，多出口外销，出口采幼瓜，在单瓜重 300～400 克时采收最佳。早熟，从播种至初收 50～80 天，延续采收 30～40 天。每 667 米^{2}产量 1 500～2 000 千克，耐寒力和抗病力中等。

3. 菠萝种

该品种主蔓长 450 厘米，侧蔓多。叶长约 21 厘米、宽约 20 厘米、绿色，主蔓 6～7 节着生第一雌花，以后每隔 3～4 节着生 1 个雌花。果实圆柱形，瓜长约 18 厘米，横径约 11 厘米，浅绿色，有浅黄色斑点，被白色茸毛，成熟瓜被蜡粉，肉白色，单瓜重 400～500 克。早熟，适宜冬春种植，播种至初收约 80 天，延续采收 40～50 天。稍耐寒，耐贮运，抗病性中等。肉质致密，品质优，可供出口。每 667 米^{2}产量 2 000～2 700 千克。

4. 江心节

该品种蔓长 450～500 厘米，叶长约 21 厘米、宽约 21 厘米、深绿色，春播 13～15 节、秋播 18～20 节着生第一雌花，以后每隔 4～5 节着生 1 个雌花。果实圆柱形，瓜长 18～20 厘米，横径 7～8 厘米，瓜皮深绿色，有绿白色斑点，熟瓜被蜡粉，肉厚 1.8～2 厘米，单瓜重 450～550 克。中晚熟，播种至初收：冬春播 80～90 天，秋播 40～50 天。生长势强，侧蔓发生中等，果实耐贮运。肉质致密，品质优，产品出口我国港澳市场，很受欢迎。每 667 米² 产量 2 000～2 300 千克。

5. 冠星 2 号

该品种蔓长 350～400 厘米，侧蔓多，叶长约 21 厘米、绿色。果实圆柱形，瓜长约 18 厘米，横径 7 厘米，瓜皮深绿色，有浅黄色斑点心，无棱沟，肉厚约 1.3 厘米，单瓜重约 500 克。早熟，播种至初收：冬春播约 80 天，夏播约 40 天，秋播约 45 天，延续采收 30～50 天。较耐热、耐涝。肉质致密，味微甜，品质优。每 667 米² 产量冬春植 3 000～4 000 千克，夏秋植 1 200～1 400 千克。

6. 江心 4 号

该品种蔓长约 400 厘米，叶长约 23 厘米、宽约 21 厘米、深绿色。春播主蔓 10～13 节、秋播约 18 节着生第一雌花，以后每隔 5～6 节着生 1 个雌花。果实短圆柱形，瓜长 12～15 厘米，横径 5～6 厘米，皮深绿色，有绿白色斑点，肉白色，单瓜重 200～300 克。中熟，播种至初收 45～80 天，延续采收 30～40 天。生长势强，较抗炭疽病，耐贮运。肉质致密，品质优良，产品适合出口。每 667 米² 产量 2 500～2 800 千克。

7. 七星仔 37 号

该品种蔓长约 325 厘米，叶长约 23 厘米、宽约 28 厘米、深绿色。主蔓春播 8～11 节、秋播 12～14 节着生第一雌花，以后每隔 4～6 节着生 1 个雌花。果实圆柱形，瓜长约 17 厘米，横径约 5.7 厘米，皮绿色，肉厚约 1.1 厘米，单瓜重约 350 克。早中熟，播种至初收春播 80～90 天，夏秋播约 45 天，延续采收 30～50 天。以主蔓结瓜为主，侧蔓发生力中等，抗枯萎病。肉质致密，品质优。每 667 米² 产量约 2 000 千克。

（三）播种育苗

1. 催 芽

华北地区露地栽培一般在 3 月底至 4 月初浸种催芽，利用日光温室进行越冬栽培，9 月份育苗。用 40℃～50℃温水浸种 10～15 分钟，待水温降到室温后，继续浸泡约 5 小时，捞出，洗净，用纱布包好，在 30℃条件下催芽，种子"露白"后待播。

2. 播种育苗

育苗床于播种前 15～20 天扣严塑料薄膜，夜间加盖草苫，尽量提高苗床地温。每公顷育苗床施腐熟有机肥 45 000 千克，浅翻，做成平畦。播前浇大水，水渗下后，在畦面上纵横切成 10 厘米见方、深 10 厘米的方块。在每个土方中央点播 1 粒种子，上覆细土 1～2 厘米厚。也可采用塑料营养钵或纸筒做成的营养钵，营养钵高 8～10 厘米、直径 6～8 厘米，内装营养土。营养土配制：大田土 6 份、腐熟厩肥 4 份，每立方米营养土加磷酸二铵 2 千克、草木灰 5 千克、多菌灵 80 克。播前喷浇透水，水渗下后，点 1 粒种于中央，上覆土 1～2 厘米厚。

3. 播种后管理

播种后立即扣严塑料薄膜，夜间加盖草苫，提高苗床温度。出苗前苗床温度保持 30℃，促进出苗。出苗后适当通风降温，白天温度保持 23℃～25℃，夜间不低于 15℃。育苗期外界气温低、蒸发量小，一般不用浇水，如土壤干旱，可在晴天上午浇小水，保持土壤湿润。浇水后，中午及时通风排出湿气。如基肥充足，苗期瓜需追肥。如缺肥，在 1 片真叶期，结合浇水每公顷施尿素 100～150 千克。定植前 5～7 天进行低温炼苗，加大通风量，白天苗床温度保持 20℃左右、夜间 13℃～16℃。当幼苗 3～4 片真叶、苗龄 30～35 天时即可定植。

（四）整地定植

1. 整 地

定植前 15～20 天，保护设施应密闭塑料薄膜，夜间加盖草苫，尽量提高地温。结合整地每公顷施腐熟有机肥 60 000～75 000 千克、过磷酸钙 750 千克，后深翻耙平。一般采用小高垄栽培，垄高 10～15 厘米，垄距 60～70 厘米。也可采用平畦栽培。

2. 定 植

华北地区露地栽培，一般 4 月中下旬晚霜过后定植在地。利用日光温室进行越冬栽培，一般 10 月份定植。定植株行距一般为 35～40 厘米×60～70 厘米。定植后，立即浇水，扣上地膜，扣严保护设施的塑料薄膜，夜间加盖草苫，提高设施内的温度。

（五）田间管理

1. 温度和光照调节

日光温室栽培定植后白天温度保持 28℃～32℃、夜间 15℃～20℃，以促进缓苗。5～7 天缓苗后，适当降温，白天温度保持 23℃～25℃、夜间 12℃～15℃。开花坐瓜后，白天温度保持 25℃～30℃、夜间 15℃左右。1～2 月份，日照时间不足，草苫要早揭、晚盖，尽量延长光照时间。定植早期，如果外界温度低，应采取覆盖措施，以保持设施内适宜的温度，以免发生冷害。如遇连阴天，应在中午短期揭草苫见光，勿因长期不见光而致叶片黄化。进入 3～4 月份，外界气温渐高，白天应及时通风降温，勿使温度超过 35℃。当外界夜间气温稳定在 15℃以上时，夜间也应大通风，并逐渐撤除草苫，去掉塑料薄膜，转入露地栽培。

2. 肥水管理

定植后直到抽蔓前一般不浇水，可多中耕松土，提高地温，促进根系生长。抽蔓期开始浇水，并追肥，每公顷施磷酸二铵 750 千克。当第一瓜坐住，并长至 10～15 厘米长时，要经常浇水，保持土壤湿润。第二瓜出现时，每公顷施磷酸二铵 750 千克、硫酸钾 300 千克。

3. 搭架绑蔓

节瓜搭架栽培、爬地生长均可。在保护地内为提高产量，增强抗逆性，一般采用搭架法。在日光温室内一般用塑料扁丝作支架，每株 1 根，也可用竹竿做成篱架。瓜蔓长 30 厘米时进行绑蔓，以后每长 30 厘米绑蔓 1 次，使茎叶在架上均匀分布。生长前期以主蔓结果为主，摘除全部侧蔓。收嫩瓜为主者，主蔓第一瓜坐住后，保留 2 个侧蔓，每一侧蔓结 1 个瓜后打顶。收老瓜者，可打去全部侧蔓，使主蔓结 2～3 个瓜。

4. 人工授粉

如果开花期无昆虫传粉，为提高坐瓜率，应进行人工授粉。每天在上午 6～10 时，摘取当日开的雄花，去掉花冠，对准雌花柱头涂抹几下即可。

（六）病虫害防治

1. 蓟 马

（1）**危害症状** 幼虫、成虫均危害植株，以锉吸式口器锉吸节瓜心叶、嫩芽及幼瓜的汁液，使被害植株心叶不能张开，嫩芽、嫩叶卷缩。若生长点受害，植株生长就会受抑制，常扭曲成菊花状。幼瓜受害茸毛变黑，长大后出现畸形，瓜皮粗糙变褐色，严重影响果实的产量和质量。蓟马能飞善跳，爬动敏捷，繁殖系数高，生长适温为 25℃～30℃。在此温度范围内，雨水越少，虫害发生就越严重。

（2）**防治方法** 及时喷药防治，可喷施 10% 吡虫啉可湿性粉剂 2 000～3 000 倍液，在植株长到 7～8 片真叶时，开始喷药防治，每隔 5～7 天喷药 1 次，连续喷 3～4 次。

2. 疫 病

（1）**危害症状** 危害茎、叶和果实，以蔓茎基部发病较多。幼苗近地面的茎基部发病时，初呈暗绿色水渍状，病部缢缩，其上部的叶片逐渐枯萎，最后全株死亡；节部被害而缢缩，造成枝叶枯萎；

叶部被害，产生水渍状近圆形大斑，湿度大时，病斑迅速扩展至全叶而腐烂；果实被害呈下凹水渍状斑块，并很快扩展至全瓜而呈软腐状，表面长出稀薄的白色霉状物。

（2）**防治方法**　种子可用40%甲醛150倍液浸种30分钟，洗净后催芽播种。土壤可用80%代森锌可湿性粉剂1 000倍液淋施，每平方米用药液2.5千克。合理轮作，加强肥水管理。发现病株及时拔除，集中烧毁，并在病穴撒石灰消毒。在齐苗后、子叶平展时，即检查田间病害发生情况，以利于适时施药。可用58%甲霜·锰锌或64%噁霜·锰锌可湿性粉剂600倍液，或90%三乙膦酸铝可湿性粉剂300～400倍液喷雾，每隔5～7天1次，连喷3～4次。

（七）采收与贮藏保鲜

节瓜从开花到成熟需35～50天，采收期根据市场需要及食用习惯而定。食嫩瓜者，一般在单瓜重0.25～0.5千克时采收。食老瓜者，待果实皮色有光泽、无茸毛时采收。采收后要及时用塑料筐或板条箱装好并放入10℃～15℃预冷库预冷，使瓜温尽快降至15℃以下。节瓜表皮有很多茸毛，有一定的保水作用，但茸毛易脱落和被擦伤，预冷后可先用软牛皮纸进行单果包装，再放入泡沫箱或瓦楞纸箱中。贮藏时采取"品"字形堆码或将瓜堆放在架上。节瓜的适宜贮藏温度为10℃～12℃、空气相对湿度为85%～90%。贮藏期间要勤检查，及时将有病害或开始糜烂的瓜剔除。

十六、青花菜

（一）生物学特性

青花菜又名西兰花、青花椰菜，十字花科芸薹属 1～2 年生草本植物，甘蓝种中以绿花球为产品的一个变种，以主茎及侧枝顶端形成的绿色花球为产品。营养丰富，色、香、味俱佳，是国际市场上十分畅销的一种名特蔬菜。青花菜与白菜花都属于甘蓝的变种，但营养价值和风味皆比白花椰菜高，且栽培容易，供应期长。

青花菜主根基部粗大，根系发达，主要根群分布在 30 厘米耕作层内。株高 60～90 厘米，被粉霜。茎直立、粗壮、有分枝。基生叶及下部叶长圆形至椭圆形，叶长 2～3.5 厘米、灰绿色，顶端圆形、开展、不卷心，全缘或具细牙齿，有时叶片下延，具数个小裂片，并呈翅状。叶柄长 2～3 厘米，茎中上部叶较小且无柄、长圆形至披针形、抱茎。茎顶端有 1 个由总花梗、花梗和未发育的花芽密集成的乳白色肉质头状体，总状花序顶生及腋生，花淡黄色，后变成白色。长角果圆柱形、长 3～4 厘米，有一中脉，喙下部粗上部细、长 10～12 毫米。种子宽椭圆形，棕色。

青花菜耐寒和耐热力均较强。种子发芽适温为 25℃，生长发育适温为 20℃～22℃，花蕾发育适温为 15℃～18℃，25℃以上发育不良，5℃以下生长缓慢，能耐短期霜冻。花蕾群虽然在炎夏也能抽生，但较瘦小，质量较差。青花菜是低温长日照植物，在充足的光照条件下生长正常，光照不足易引起植株徒长、花茎和花梗伸长、花球松散且颜色发黄。青花菜花球的产生与形成条件较复杂，必须在通过了一定的光照和温度条件，完成了春化阶段后花芽才开始分化。青花菜对土壤要求不太严格，但以肥沃的壤土栽培较好。其生长发育过程中需要充足的营养条件，除氮、磷、钾、镁、硫等大量元素外，还需一定量的微量元素，施肥时注意各种元素配合施用。尤其氮肥不能过多，否则易造成植物徒长，营养生长过旺，推迟花球的出现，还易引起腐烂病害发生。青花菜喜温暖湿润的环境，但不能受涝，适宜的土壤相对湿度为 70%～80%，在湿润的土壤里生长发育良好。

（二）主栽品种

1. 绿优 65

早熟品种，定植后 60～65 天即可采收。花球颜色浓绿，花蕾致密，耐运输。蕾粒细小，商品性好。抗病性较强，栽培容易。

2. 捷保鲜 2 号

中熟品种，定植后 70 天左右可收获。花球高拱形，花蕾细腻，颜色青绿，单球重 400～500 克。抗霜霉病，耐涝耐低温，适合密植，每 667 米^2 栽 3 000 株左右，为保鲜和出口专用品种。

3. 绿 辉

由日本引进的优良品种，中早熟，全生育期 105 天左右。叶片浓绿色，植株根系发达，生长旺盛。花球形状好、紧实，侧花球发育好，主花球收获后，可以收获侧花球。抗霜霉病和黑腐病，适应性广，适合春秋季栽培。

4. 中青 1 号

中国农业科学院蔬菜花卉研究所育成的一代杂交种。株高 38～40 厘米，开展度 62～65 厘米；15～17 片叶，叶片灰绿色，叶面蜡粉较多。花球浓绿色、较紧密，花蕾较细，主花球单球重 300 克左右，侧花球单球重 150 克左右。春季栽培从定植至采收需 45 天左右，秋季栽培从定植至采收需 50～60 天。全国各地均可栽培。

5. 天 绿

台湾农友种苗公司育成的一代杂交种。株高约 36 厘米，有侧芽。定植后 55～60 天可以采收。花蕾浓绿色，花球整齐，适时采收时花球直径可达 20 厘米，单球重 600 克左右。蕾粒紧密细致，适应性强，适宜在全国各地栽培。

（三）播种育苗

1. 播种时间

青花菜按成熟期可分为早、中、晚熟 3 个类型，我国目前栽培的青花菜品种多数由美国、日本等国家引进。根据不同的栽培季节应选择不同的品种，夏季生产应选择耐热性强的早熟品种；冬季生产应选择耐寒、株形紧凑、花球坚实的中熟或中早熟品种。华北各地春、秋两季均可栽培，春季栽培多于 1 月中下旬阳畦育苗，育苗期 50～60 天，一般 3 月中下旬露地定植，5 月中下旬开始收获。秋季栽培多于 7 月上中旬播种育苗，苗龄 30 天左右，8 月上中旬露地定植，10 月上中旬收获。

2. 育苗技术

青花菜可采用营养杯或苗床播种育苗。用营养杯育苗首先要配制好营养土，可用 3 年内没种过十字花科蔬菜的田土 3 份、充分腐熟农家肥 1 份混合后，然后每立方米营养土再加入过磷酸钙 1 千克、硫酸钾 0.6 千克或生物钾 0.5 千克，充分混匀，然后装杯。用苗床育苗的，要选择排灌方便的壤土，做成宽 1.7～1.8 米（包括沟）、高 20～25 厘米的畦做苗床，每平方米苗床施腐熟有机肥 10～15 千克、三元复合肥 0.5～1 千克，耙碎整平待用。营养杯播种的，播前将营养土淋湿，每杯播 1 粒种子，播后盖薄土；苗床播种的，播前将种子与一定量的细沙土混匀撒播，每平方米播种量 4～5 克，播后盖土 0.5～1 厘米厚，再盖一层薄草。一般 5 米^2 的苗床可供 667 米^2 大田栽植。夏末秋初播种，天气还处于高温多雨时节，无论营养杯或苗床育苗，均需要覆盖遮阳网遮阴防雨。播种后要注意淋水，经常保持土壤湿润。苗床育苗的，约 3 天齐苗，及时把覆盖草揭去。出苗时期土壤相对湿度保持在 70%～80%，齐苗后酌情补充水分。夏季育苗要特别注意防治黄条跳甲和菜青虫。移栽前 7～10 天揭除遮阳网，使秧苗充分见光炼苗。青花菜壮苗标准：株高 15 厘米左右，茎粗 0.6～0.8 厘米，具 4～5 片叶。

（四）整地定植

1. 整　地

青花菜对土壤营养条件要求较高，要施足基肥，每 667 米^2 可施腐熟农家肥 2 000～2 500 千克、过磷酸钙 15～25 千克、草木灰 100 千克，撒施均匀混埋在土中。切忌选用前作种植过甘蓝类的田地。青花菜是喜温光而怕炎热、喜湿润而怕浸渍的作物，为了提高光能利用率，增加土壤通透性，改善田间小气候，最好高畦栽培，合理密植。一般畦带沟宽 1.1～1.2 米，畦高 25～30 厘米，要求四周排水沟及田中腰沟深 50～60 厘米，做到沟沟相通、易灌易排。

2. 定　植

一般株距 50～60 厘米，行距 35～40 厘米，每 667 米^2 栽植 2 800～3 200 株。定植选择晴天下午进行，采用浅穴移栽方法，穴深 5～8 厘米。栽植太深，茎基部通气性差，易诱发立枯病。

（五）田间管理

青花菜喜肥水，分期适时追肥、浇水是丰产的关键。追肥以氮肥为主，生长前期追肥 2～3 次，每次每 667 米^2 施尿素 8～10 千克。进入花球形成期应施重肥，每 667 米^2 可追施复合肥（最好为有机复合肥）25～30 千克，为减少花球表面黄化和花茎空洞，还应叶面喷施 0.5% 硼砂和 0.5% 钼酸铵溶液，每隔 7 天喷 1 次，连喷 2～3 次，并结合施肥进行中耕培土。进入采收期，每次采收后要追肥 1 次，以促进侧花球生长，每 667 米^2 施三元复合肥 15～20 千克。青花菜需水量较多，尤其在花球形成期要及时浇水，保持土壤湿润；在雨季应及时排水，以免引起沤根。青花菜在封行前中耕培土1～2次，以防土壤板结，增加土壤通透性，促进根系生长。松土要以浅锄为主，注意不能锄伤根系。封行后不再进行中耕，有杂草时可用手拔除。每次采收后均应施肥1次，每次每667米^{2}追施充分腐熟的人粪尿1 500～2 000千克，促进基部腋芽长出侧花薹（俗称"二次花"），可连续采收2～3次供应市场。

（六）病虫害防治

1. 猝 倒 病

（1）**危害症状** 幼苗大多从茎基部感病（亦有从茎中部感病者），初为水渍状，很快扩展，缢缩变细如"线"样，病部不变色或呈黄褐色，病势发展迅速，在子叶仍为绿色、萎蔫前即从茎基部（或茎中部）倒伏贴于床面。苗床湿度大时，病残体及周围床土上可生一层絮状白霉。出苗前染病，引起子叶、幼根及幼茎变褐腐烂，即为烂种或烂芽。病害开始往往仅个别幼苗发病，条件适合时以病株为中心，迅速向四周扩展蔓延，形成一片一片的病区。

（2）**防治方法** 可选用58%甲霜·锰锌可湿性粉剂500倍液，或64%噁霜·锰锌可湿性粉剂500倍液喷雾防治。

2. 霜 霉 病

（1）**危害症状** 主要危害叶片，由基部向上部叶发展。发病初期在叶面形成浅黄色近圆形至多角形病斑，空气潮湿时叶背产生霜状霉层，有时可蔓延到叶面。后期病斑枯死连片，呈黄褐色，严重时全部外叶枯黄死亡。

（2）**防治方法** 发病初期用58%甲霜·锰锌可湿性粉剂600倍，或64%噁霜·锰锌可湿性粉剂500倍液，或30%氧氯化铜悬浮剂300～400倍液，或40%三乙膦酸铝可湿性粉剂250倍液喷施，每隔7～10天喷1次，连续喷2～3次。

3. 软 腐 病

（1）**危害症状** 由细菌引起的软腐病常发生恶臭；由黑根霉引

起的软腐病在病组织表面生有灰黑色霉状物。病斑呈片状由叶柄向上扩展，受害叶叶脉变为黑褐色。由于根和茎基受害后组织变脆，发病晚期病株自行倾倒、腐烂。

（2）**防治方法**　发病初期可选用72%硫酸链霉素可溶性粉剂3 000～4 000倍液，或90%新植霉素可溶性粉剂4 000倍液，或30%氧氯化铜悬浮剂300～400倍液，或14%络氨铜水剂350倍液喷施或浇施，每隔7～10天喷1次，连续防治2～3次。

4. 根 肿 病

（1）**危害症状**　青花菜受根肿菌侵染后，在根部形成大小不一、光滑或龟裂粗糙的肿瘤。而植株的地上部分生长迟缓、缺水蔫萎。

（2）**防治方法**　发病初期可选用50%多菌灵可湿性粉剂500倍液，或70%甲基硫菌灵可湿性粉剂800倍液喷根或淋浇，每株用药液0.3～0.5千克。

5. 黑腐病和黑斑病

（1）**危害症状**　黑腐病主要危害叶片，病斑从下部叶片逐渐扩展至上部叶片。叶片上面有部分黄变，背面出现灰白色轮廓不分明的病斑，密生灰白色霉层。不久之后，叶上面也生成霉层，最后，叶片卷曲干枯；黑斑病主要危害叶片，症状有两种类型：一种是发病初期叶表面出现红褐色至紫褐色小点，逐渐扩大成圆形或不定形的暗黑色病斑，病斑周围常有黄色晕圈，边缘呈放射状，病斑直径3～15毫米。后期病斑上散生黑色小粒点，严重时植株下部叶片枯黄，早期落叶，致个别枝条枯死。另一种是叶片上出现褐色至暗褐色近圆形或不规则形的轮纹斑，其上生长黑色霉状物，严重时叶片早落。

（2）**防治方法**　黑腐病在发病初期用72%硫酸链霉素可溶性粉剂1 000倍液，或70%氢氧化铜可湿性粉剂800倍液喷雾防治，每隔5～7天喷1次，连续用药2～3次。黑斑病在发病初期用50%多菌灵可湿性粉剂500倍液，或65%代森锌可湿性粉剂500倍液，或 50% 甲基硫菌灵可湿性粉剂 500 倍液喷洒，每隔 7 天喷 1 次，连续喷 2～3 次。

6. 空 茎

（1）危害症状 空茎主要在花球成熟期形成。最初在茎组织内形成几个小的椭圆形缺口，随着植株的成熟，小缺口逐渐扩大，连接成大缺口，使茎形成空洞，空洞表面木质化，变成褐色，但不腐烂，严重时空洞可扩展到花茎上。

（2）防治方法 种植过稀、氮肥施用过量（特别是在花球生长期）、花球生长期遇高温（25℃以上）等均会使花球生长过快造成空茎。此外，营养生长期和花球生长期缺水或浇水不当、缺硼、品种选择不当等均易造成空茎。防治方法：①选用不易空茎的品种。②适时种植，避免花球生长期遇上高温。③合理密植。一般来说，适宜的株距为 30～45 厘米，行距为 60～70 厘米。④肥水管理。种植青花菜宜选排灌良好的地块，青花菜生长期间始终保持土壤见干见湿。在华北春季种植期，每隔 5～7 天浇 1 次水。在施足腐熟堆肥作基肥的情况下，每 667 米² 追施尿素 8～9 千克，应少量多次，随水浇施。对缺硼的土壤，每 667 米² 施硼肥 0.5 千克作基肥，再用硼肥 0.5 千克作追肥进行灌根。花球生长期间应少施或不施氮肥，增施磷、钾肥。

7. 虫害防治

小菜蛾、菜青虫、甜菜夜蛾危害，可选用 40% 毒死蜱乳油 1 000 倍液，或 2.5% 氯氟氰菊酯乳油 2 000 倍液，或 21% 氰戊·马拉松乳油 3 000 倍液喷雾防治。还可用 5% 氟虫腈悬浮剂 1 500 倍液喷雾防治小菜蛾、菜青虫及菜螟。用 20% 虫酰肼悬浮剂 1 000 倍液＋10% 高效氯氰菊酯乳油 1 500 倍液喷雾防治甜菜夜蛾和斜纹夜蛾。菜青虫、菜蛾、黄条跳甲、甘蓝夜蛾还可用 80% 敌敌畏乳油 1 000 倍液，或 2.5% 溴氰菊酯乳油 2 500 倍液，或 20% 甲氰菊酯乳油 2 000 倍液喷洒防治。蚜虫、白粉虱用苦参碱或藜芦碱喷雾防治。斑潜蝇用 20% 阿维·杀虫单微乳剂 100 毫升对水 30 升喷雾防治。

（七）采收与贮藏保鲜

青花菜花球高至 12～15 厘米，各小花蕾尚未松开，整个花球紧实完好，呈鲜绿色时为采收适期。反季节栽培青花菜采收期间气温较高，采收适期短，而出口产品质量要求严格，因此要分批分期及时采收。采收应在上午 9 时前或下午 4 时后进行，采收时每株带 4～5 片叶，采后及时送往收购点进行加工冷藏。青花菜采收前 2 天不要浇水，并用 10～20 毫克/千克 6-苄氨基嘌呤（细胞分裂素）溶液喷洒花球。也可在采后用保鲜剂（20 毫克/千克 6-苄氨基嘌呤＋0.2% 苯甲酸钠）处理花球，等浮水晾干后放入预冷库预冷，最好能在 3～6 小时使温度降至 1℃～2℃。包装时，将茎部朝下码在筐中，最上层产品应低于筐沿。为减少蒸腾凝聚的水滴落在花球上引起霉烂，也可将花球朝下放。生产中严禁使用竹筐或柳条筐装运，有条件的可直接用聚苯乙烯泡沫箱装载，装箱后立即加盖入库。为延长保鲜期，可使用 0.015～0.03 毫米厚的聚乙烯薄膜单花球包装，在袋上打 2 个小孔，以起到良好的自发气调作用。贮藏温度要求为 0℃～1℃、空气相对湿度为 90%～95%。贮藏中应注意适时通风换气，或在顶层留出空间放置乙烯吸收剂。

十七、紫背天葵

（一）生物学特性

紫背天葵别名血皮菜，又叫观音菜，在植物学中被归为菊科三七草属多年生草本。植株高50～100厘米，全株带肉质，植物因叶嫩多汁、口感滑润清香，成为居民的座上佳肴。紫背天葵抗逆性强，病虫害少，栽培容易。生长适温为20℃～25℃，可耐3℃的低温，夏季高温干旱也能正常生长，日照充足生长更旺盛。可以全年持续采收，冬季生长缓慢每月可采摘1次，春暖后生长迅速每半个月可采摘1次。由于北方气候寒冷、干燥，给紫背天葵室外生长带来了一定的局限性，大棚的广泛使用在一定程度上弥补了这一缺陷，从此使这种南方蔬菜在北方得以逐渐推广。

（二）主栽品种

1. 红叶紫背天葵

叶背和茎均为紫红色，新叶也为紫红色，随着茎的成熟逐渐变为绿色。根据叶片大小，又可分为大叶种和小叶种。大叶种叶大而细长，先端尖，黏液多，叶背、茎均为紫红色，茎节长；小叶种叶片较小，黏液少，茎紫红色，耐低温，适于冬季较冷地区栽培。

2. 紫茎绿叶紫背天葵

茎淡紫色，节短，分枝能力差。叶小椭圆形，先端渐尖，叶色浓绿，有短茸毛，黏液较少，质地较差。但耐热、耐湿性强。

（三）播种育苗

1. 母株育苗

紫背天葵利用保护地栽培，一般春季开花，6～7月份结实，8～9月份及2～3月份可播种育苗，播种后10余天可萌芽，真叶5～6片时定植于大田。幼苗成株后，可作无病毒母株无性繁殖用。

2. 扦插繁殖

大面积生产所需种苗，应在生长季节采枝直接扦插。春季从健壮的母株上剪取6～8厘米的顶芽，若顶芽很长，可剪成1～2段，每段带3～5节叶片，摘去枝条基部1～2叶，插于苗床上。苗床可用土壤或细沙加草灰，也可扦插在水槽中。扦插株距为6～10厘米，枝条入土约2/3，浇透水，盖上塑料薄膜保湿，温度保持20℃左右，经常浇水，经10～15天成活。在无霜冻的地方可以周年繁殖，在北方应在保护地内育苗。

（四）整地定植

1. 整　地

大面积栽培紫背天葵，应选择排灌方便、土壤富含有机质的地块。平原地区采用高畦栽培方式，畦宽（连沟）1.2米，每667米^{2}沟施腐熟厩肥1 000千克和氮肥、磷肥、钾肥各30～50千克作基肥。

2. 定　植

3月下旬定植，种植密度视地力而定，肥沃土可种稀疏些。幼苗带土移植，一般每畦栽2行，株行距25厘米×30厘米，定植后及时浇透水。

（五）田间管理

紫背天葵虽耐干旱和瘠薄，但供应充足的水分和肥料，可保证其高产和优质。灌溉原则：土壤见干见湿，不能过湿，夏、秋两季注意排水防涝。生长适温为 20℃～25℃，气温高于 30℃时，覆盖遮阳网降温。紫背天葵耐低温能力较差，低于 3℃易受冻害。从 10 月中旬至 12 月份，随着气温逐渐下降，要依次覆盖大棚、地膜、小棚、草苫，夜间棚内温度最好保持在 15℃以上。开始采收后，每采收 1 次追 1 次肥，每次每 667 米^2 施腐熟人粪尿 600 千克或有机复合肥 10～15 千克。同时，结合灌溉、中耕、除草。

（六）病虫害防治

1. 根 腐 病

（1）**危害症状** 主要危害根茎部和叶片。根和茎部出现水渍状软腐而变黑色，腐烂现象明显，植株萎蔫下垂。叶片上多从叶尖和叶缘开始，出现暗绿色或灰绿色大型不规则水渍状病斑，很快变成暗褐色病斑。

（2）**防治方法** 可选用 69% 烯酰·锰锌可湿性粉剂 800 倍液，或 50% 氯溴异氰尿酸可湿性粉剂 800 倍液，或 40% 三乙膦酸铝可湿性粉剂 200～400 倍液，或 25% 甲霜灵可湿性粉剂 600 倍液，或 64% 噁霜·锰锌可湿性粉剂 500 倍液，或 72% 霜脲·锰锌可湿性粉剂 700 倍液灌根或喷雾，也可用 70% 代森锰锌可湿性粉剂 500 倍液喷雾，每 6～8 天防治 1 次，喷雾时要兼顾地面。

2. 叶 斑 病

（1）**危害症状** 主要危害叶片。病叶初生针尖大小浅褐色小斑点，后扩展为圆形至椭圆形或不规则形病斑，中心暗灰色至褐色。

（2）**防治方法** 选用 70% 代森锰锌可湿性粉剂 500 倍液，或 50% 甲基硫菌灵可湿性粉剂 500 倍液，于发病初期喷施，共喷 2～3 次。

3. 斜纹夜蛾

（1）**危害症状** 斜纹夜蛾又称莲纹夜蛾、莲纹夜盗蛾，属鳞翅目，夜蛾科。幼虫食叶，四龄后进入暴食期，一般在傍晚取食。

（2）**防治方法** 低龄害虫（三龄前）用 52.25% 氯氰·毒死蜱

乳油1500倍液喷雾；高龄害虫（三龄后）用52.25%氯氰·毒死蜱乳油或40%毒死蜱乳油1000倍液喷雾。

（七）采收与贮藏保鲜

紫背天葵为宿根常绿草本植物，栽培措施得当，可全年采收。在紫背天葵植株长度达到20厘米左右时进入采收期。一般冬季生长缓慢可每月采摘1次，春暖后生长迅速可半月采摘1次。采摘时摘取长5～10厘米，具4～6片叶的嫩茎。每次采收时留基部2～3节叶，以后从叶腋处长出新茎，续续采收。收获后可用塑料薄膜包好，在6℃～8℃条件下，可贮藏10余天。

十八、蛇 瓜

（一）生物学特性

蛇瓜别名蛇豆、蛇丝瓜、大豆角等，葫芦科瓜蒌属1年生攀缘性草本植物，原产于印度、马来西亚，广泛分布于东南亚各国和澳大利亚，在西非、美洲热带和加勒比海等地也有栽培，近年来我国华北地区种植逐年增多。蛇瓜以幼嫩果实为产品，嫩叶和嫩茎也可食用。嫩瓜含丰富的碳水化合物、维生素和矿物质，肉质松软，有一种轻微的臭味，但是煮熟以后则变为香味，微甘甜。蛇瓜少有病虫害，可为无公害蔬菜，具有一定的市场潜力。

蛇瓜的根系发达，侧根多，易生不定根。茎蔓细长，长达5～8米，茎五棱、绿色，分枝能力强。叶片绿色，掌状深裂，裂口较圆，叶面有细茸毛。花冠白色，花单性，雌雄同株异花，雄花多为总状花序，蕾期为青绿色，将开放时为浅黄绿色；雄花发生早于雌花，一般雌花于主蔓20～25节处开始着生，以后主蔓、侧蔓均能连续着生雌花。嫩瓜细长，瓜身圆筒形或弯曲，瓜先端及基部渐细瘦，形似蛇。瓜皮灰白色，上有多条绿色的条纹，肉白色，成熟瓜浅红褐色，肉质疏松。种子近长方形，上有2条平行小沟，表面粗糙、浅褐色，千粒重200～250克。蛇瓜喜温耐热不耐寒，种子发芽适温为30℃左右，植株生长适温为20℃～35℃，高于35℃也能正常开花结果，低于20℃则生长缓慢，15℃时停止生长。蛇瓜喜湿润的环境，但由于根系发达也较耐旱，在水分供给充足、空气湿度高的环境中结瓜多，果实发育良好。结瓜期要求较强的光照，花期如阴雨、低温会造成落花和化瓜。对土壤适应性广，各种土壤均可栽培，但在贫瘠地种植结瓜小、产量低。在肥沃的地方种植可优质高产。

（二）主栽品种

1. 白　龙

根系发达，侧根较多，易生不定根。茎蔓生，分枝性强。叶掌状，两面密生茸毛。主蔓 13～16 节发生第一雌花。抗白粉病、枯萎病、细菌性角斑病。每 667 米^{2}产量 5 000 千克以上。

2. 以色列蛇瓜

株高 3～5 米，生长势强，分枝多，蔓细叶小，根系发达，侧根多，易生不定根。瓜长 1.3～1.7 米，横径约 3.5 厘米，肉厚约 3 毫米，鲜瓜肉质脆嫩爽口，味道好，单瓜重 0.5～1.2 千克，形态狭长，多为长圆柱形，或吊钩形、螺旋形，外皮嫩时淡绿色间有深绿色细条斑，老熟时呈红色。每 667 米^{2}产量 3 000～4 000 千克。耐肥耐贫瘠，在沙壤土、黏壤土、黏土中均能生长良好。喜湿润，耐干旱。

3. 美国蛇豆

株高 2.7～3 米，生长势和分枝性强，花为白色。瓜长 1.3～1.7 米，长柱形，两端渐尖细，尾端常弯曲呈蛇状，表皮浅绿色，肉鲜绿色，肉质松软。该品种抗病性、抗虫性特强，整个生育期没有病虫危害。

（三）播种育苗

蛇瓜可在大田成片种植，也可与春大棚番茄和大棚结球生菜套种，或零星种植于房前屋后。由于蛇瓜生长、采收期长，1 年只种 1 茬。一般春季 3～4 月份在阳畦育苗，4 月下旬至 5 月份定植，6 月份始收至 10 月份结束。蛇瓜可以在露地直播，但为提早上市，宜采取育苗移栽的方法。

1. 种子处理

蛇瓜的种皮厚，播种前应将种子晾晒 1～2 天，然后用 55℃热水烫种 3 分钟，烫种时要不断搅拌，至水温下降后换清水浸种 2～3 天，其间要擦洗去种皮上的黏质物，并换清洁水再浸种，待种子略软时用纱布包裹保湿，置于 30℃恒温箱催芽后播种。

2. 育苗技术

育苗可用营养钵，营养土可用园土 5 份、草炭 2 份、腐熟有机肥 3 份混匀，如无草炭也可用废菇料或肥沃园土替代。装钵码好后浇透水，每钵播 1 粒已萌芽的种子，覆盖 1 厘米厚的细土。然后覆盖塑料膜保温保湿，出苗前温度最好能保持在 25℃～30℃，出苗后看气温情况揭去薄膜，白天温度保持在 25℃～30℃、夜间 16℃～18℃。出苗后如气温仍低，应注意保温，白天温度达到或超过要求时，应揭去薄膜或揭开两头通风，夜间气温低时再盖上。幼苗 3 叶 1 心时即可定植。露地直播可在催芽后于 4 月下旬或 5 月上旬足墒播种。

（四）整地定植

1. 整　地

定植前整地，施足基肥，每 667 米^{2}可施腐熟禽畜粪肥 3 000 千克、过磷酸钙 75 千克、硫酸钾 20 千克。

2. 定　植

成片种植的行距为 80～200 厘米，株距 50～80 厘米，每 667 米^{2}栽植 600～1 000 株。生产中可根据地力情况确定种植密度，瘦地密植，肥地稀植。定植后浇足定根水。

（五）田间管理

1. 肥水管理

定植缓苗后施 1 次促苗肥，可施腐熟粪稀液或适量饼肥。第一瓜坐住后每 667 米^{2}施三元复合肥 25～30 千克，施肥后浇水，以后看长势适当追肥。坐瓜期要经常保持土壤湿润，尤其在高温干旱时每天早、晚均应浇水。

2. 中耕除草

搭架前在行间进行 1 次深中耕，清除杂草，疏通排灌沟，搭架后视土壤及杂草发生情况进行中耕除草，中耕后培土，以免根群外露。

3. 搭　架

采用爬地种植，瓜形弯曲率高，不方便采收，而且商品性差。因此，需搭架栽种，在植株开始抽蔓生长时及时搭架，搭两层人字形架或 2 米高的平棚，采用平棚产量高，瓜形好。开花时进行人工授粉可提高坐瓜率。

4. 引蔓缚蔓

瓜蔓长至 1 米长时让其爬地生长并进行压蔓，压蔓前把 1 米以下长出的侧蔓摘去，然后引蔓上架。主蔓不摘心，侧蔓可根据生长势留 1～2 个瓜后在瓜前留 3～4 片叶摘心。绑蔓时要注意将蔓叶整理均匀，使瓜自然下垂。结过瓜的侧蔓适当剪除，以利通风透气。

（六）病虫害防治

蛇瓜病虫害很少，偶有潜叶蝇或蚜虫发生时，可用 40% 乐果乳油 1 000 倍液，或 2.5% 溴氰菊酯乳油 3 000 倍液在产卵期或初发期喷雾防治。

（七）采收与贮藏保鲜

蛇瓜以采收嫩瓜为主，一般定植后 30 天开始采收，从开花至商品瓜成熟需 10 天左右，此时瓜皮浅绿色有光泽；若采收过迟影响品质及继续坐瓜。采收盛期，可 1～2 天采收 1 次，每 667 米² 产量 4 000～5 000 千克。单株最多能结瓜 40～60 个。

蛇瓜贮运保鲜采用薄膜包装，有 3 种形式：一是把装瓜的箩筐堆叠起来，上盖 0.04～0.06 毫米厚的薄膜帐。二是在箩筐内垫 0.03

毫米的通底薄膜筒，筒口折叠。三是用 0.03 毫米薄膜袋每小包装装
1～2 千克，折口装筐贮藏。贮运温度为 10℃左右、空气相对湿度
为 95% 以上。

蛇瓜留种应选留主蔓第二节的瓜。一般雌花开花授粉后 30 天
以上种子成熟，种果下端开始转橙红色时即可摘下，后熟 1～2 天，
把种子掏出清洗晾干备用。

十九、茭 白

（一）生物学特性

茭白别名水笋、茭白笋、脚白笋、菰、菰菜、篙芭，江淮地区称茭瓜，南方地区又叫高笋，《中国植物志》称水生菰。原产于我国，亚洲热带及亚热带地区栽培普遍。栽培种类有白壳种、青壳种、赤壳种。茭白属多年生挺水型水生草本植物，主茎和分蘖枝进入生殖生长后，基部如有茭白黑粉菌寄生，则不能正常生长，形成椭圆形或近圆形的肉质茎即为食用的茭白笋。茭白食用部分的肉质茎洁白柔嫩，味道鲜美，营养价值较高。据测定，每100克鲜嫩茭白中含蛋白质1.5克、脂肪0.1克、糖4克、粗纤维1.1克、钙4毫克，还含有维生素C、B族维生素等物质。茭白味甘，性微寒，具有祛热、生津、止渴、利尿、除湿、通利的功效。非常适宜于高血压、黄疸肝炎患者、产后乳汁缺少的妇女和饮酒过量者食用。

（二）主栽品种

1. 丽茭1号

单季茭白品种，极早熟，生育期97天左右。株高240～250厘米，植株分蘖力中等。肉质茎表皮白色、光滑，长12～25厘米，横径3.5～4.5厘米，单株壳茭重140～210克、肉茭重100～150克，肉质细嫩，品质好。对胡麻斑病和锈病抗性强，每667米^{2}产量1 850千克左右。栽培技术要点：一般11～12月份留早熟、高产植株种苗，翌年4月上中旬移栽。适当密植，株距40厘米，行距 60 厘米，每 667 米^2 栽 2 600～2 800 墩，每墩 3～4 株。控制分蘖，每墩留有效苗 6～8 株，每 667 米^2 留有效苗 1.8 万～2 万株。

2. 广 益 茭

广益茭秋茭株高 185～190 厘米，夏茭株高 170～180 厘米。株形较紧凑，密蘖型，分蘖能力强。秋茭的产量较高，每 667 米^2 产量 1 250～1 500 千克。地下根状茎的长势较弱，故分株较少，一般仅有 50%～60% 的墩头产生分株，分株分布在离墩头 20～30 厘米的范围内，3～5 株成一撮，因而夏茭的产量较低，每 667 米^2 产量 1 200～1 250 千克。秋茭收获期在 9 月中旬至 10 月中旬，夏茭在 5 月末至 7 月中旬。秋茭茭肉长 25 厘米左右，单茭重 75 克；夏茭长 20 厘米左右，单茭重 60 克。品质较好，适应性较强，尤其适于长江以北地区种植。

3. 龙茭 2 号

双季茭，中晚熟。夏茭每 667 米^2 产量 2 986 千克左右，秋茭每 667 米^2 产量 1 556 千克左右。夏茭 5 月上中旬至 6 月中旬采收，秋茭 10 月底至 12 月初采收。植株生长势较强，株形紧凑直立。秋茭株高 170 厘米左右，叶鞘浅绿色、长 45 厘米左右，最大叶长 140 厘米左右、宽 3.2 厘米左右，平均有效分蘖每墩 14.7 个，单壳茭重 141.7 克左右，单肉茭重 95 克左右，净茭率 68% 左右，茭肉长 22 厘米左右。夏茭株高 175 厘米左右，叶鞘绿色、长 36 厘米左右，最大叶长 110 厘米左右、宽 3.7 厘米左右，有效分蘖每墩约 19 个，单壳茭重 150 克左右，单肉茭重 110 克左右，净茭率 70% 以上，茭肉长约 20 厘米，茭肉白色。每 667 米^2 栽 1 100 墩左右。

4. 金茭 1 号

单季茭品种，每 667 米^2 产壳茭约 1 400 千克。植株长势较强，株高 2.5 米左右，最大叶长 185 厘米，最大叶宽 4.6 厘米，叶鞘长达 53～63 厘米、浅绿色覆浅紫色条纹，孕茭叶龄 15～17 叶，单株有效分蘖 1.7～2.6 个。茭体膨大 4 节，隐芽无色，壳茭单重 110～135 克，茭肉长 20.2～22.8 厘米、宽 3.1～3.8 厘米，肉质茎表皮光滑、白嫩。适宜生长温度 15℃～28℃，适宜孕茭温度 20℃～25℃。采收期 7 月下旬至 8 月下旬，每 667 米² 约栽 1900 墩，行株距 70 厘米×50 厘米。

（三）播种育苗

粗放栽培一般不进行育苗，直接将老茭墩进行分墩栽植。10～11 月份割去地上部枯叶，保留苔管地面上部 1～2 个节间，挖起 1/2 的茭墩，用刀切成有 1～3 根苔管的育苗小墩，栽于育苗田里。

育苗的应选择排灌方便、土地平整、向阳通风、土层深厚的水田，育苗时排水、晾干、翻犁，施足基肥，整成 150 厘米宽的畦，将育苗小墩按行距 15 厘米、株距 10 厘米定植于畦上，以种墩根系入泥为度。育苗期间水深 2～3 厘米，在冬季和早春低温时水灌深一些，并用塑料薄膜覆盖，以利安全越冬。长出幼苗后追施薄肥 2～3 次，翌年早春茭白苗高 30 厘米左右时，将育苗小墩挖出，用刀纵劈，分成定植用小墩，每个小墩均应带有老苔管，并具 3～5 个分蘖苗。

（四）整地定植

1. 整 地

茭白前茬作物出茬后，应立即进行翻地，翻深约 20 厘米，深翻晒土后，冬季冻垡，使土壤熟化疏松。每 667 米² 施腐熟有机肥料如猪粪、鸡粪、鸭粪 1500～2000 千克或人粪尿 2500 千克以上，施肥后再翻耕 1 次，把土、肥捣匀拌匀，然后灌水耥平。整地时，在茭田四周巩固田埂，防止漏水。定植前每 667 米² 施三元复合肥 50 千克或茭白专用肥或配方肥 60～80 千克，充分犁耙整平，一般做东西朝向、宽 8 米的畦。

2. 定 植

茭白种植时间为 3 月中下旬气候回暖时。定植时挖出秧苗小墩，用利刀劈开分株，每株有 3～5 条健全的分蘖苗，每个分蘖苗有 3～4 片叶，分切时不能损伤分蘖芽和新根，随起苗、随分株、随定植。采取大小行距栽培，小行距 60～70 厘米，大行距 80～90 厘米，株距 50～60 厘米，栽植深度以老根埋入土中 10 厘米、老苔管齐地面为宜。过深不利于分蘖，过浅入土不牢，风吹动，易使秧苗浮起，不利于成活。一般栽植 1 次收获 2～3 年，生产中要想获得高产，必须每年重新移栽。

（五）田间管理

1. 灌　水

移栽成活后保持 3～5 厘米的浅水，促进分蘖。分蘖前期加水至 6～7 厘米深，后期至孕茭期加水至 15～20 厘米深，以控制无效分蘖，促进孕茭。夏季高温采取日灌夜排，降温防病，促进肉质茎生长。孕茭期间保持水位 20 厘米左右，不让茭白见光，保持茭肉色白细嫩。秋茭收后保持 3～7 厘米水深，温度高时水位深些，温度低时水位浅些，地上部分枯死后休眠期保持 1 厘米的浅水。

2. 追　肥

茭白是喜肥作物，春季移栽 7～10 天后追施提苗肥，每 667 米² 追施尿素 10 千克或碳酸氢铵 15 千克。分蘖前期，双季茭白在移栽后 20～25 天追施分蘖肥，每 667 米² 施尿素 20～25 千克或碳酸氢铵 50 千克，以促进分蘖和生长。大部分分蘖茭白进入孕茭期，追施 1 次孕茭肥，每 667 米² 施三元复合肥 20～25 千克、尿素 10 千克、氯化钾 7.5 千克，或茭白专用肥或配方肥 30～40 千克。老茭田追肥要早，一般分腊肥、返青肥和孕茭肥。腊肥于 1 月中下旬追施，每 667 米² 施腐熟有机肥如猪粪、鸡粪、鸭粪等 1500～1000 千克或人粪尿 2000 千克。返青肥在 2 月中下旬追施，每 667 米² 施三元复合肥 15～20 千克、尿素 5～6 千克、氯化钾 3～4 千克，或茭白专用肥或配方肥 25～30 千克。北方地区一般在 3 月中下旬施返青肥。

3. 中耕除草

中耕即耘田，在施肥后进行，在茭白株行间用铁齿耙搅动，一般2～3次。第一次在栽植后5～7天、植株返青时进行，第二次在第一次耘田后7～8天进行，第三次在植株封行前进行。封行后因进田不便，一般不再耘田。耘田时遇有杂草，用手拔除并踩入泥中作肥料。也可用化学除草剂除草，可于栽植后5～7天和15～17天使用2次，每次每667米^{2}用60%丁草胺乳油75～100毫升对水喷雾。

4. 剥黄叶

孕茭期植株茂盛，也正值高温季节，茭田通风透光不良，往往影响茭白的形成。7月下旬至8月上旬，应将植株外围的枯黄老叶剥去，并将拉剥下的老叶踏入田中作为肥料。一般剥黄叶2～3次，每隔10天1次，以改善通风透光条件，减少害虫的滋生。

5. 割枯叶残株

秋茭收完后，南方地区于12月份或翌年2月上旬，北方地区可适当提前或延后，田中的残株老叶用刀齐泥割去，除去苔管上面一部分生长较差的分蘖芽和枯叶，保留土中生长健壮的分蘖芽。割枯叶按"三深三浅"的原则，即分蘖力强的晚熟种要深割，分蘖力弱的早熟种要浅割；排灌良好的土壤要深割，常年积水的土壤要浅割；长势好、苔管多、芽多的要深割，反之要浅割。

（六）病虫害防治

1. 锈　病

（1）**危害症状**　锈病为茭白的重要病害。发病时先在叶片上出现黄色小斑点，然后发展到叶鞘上，严重时整叶枯黄干死。一般在7～8月份高温干燥时发生。

（2）**防治方法**　首先要减少菌源。采茭后彻底清理病残体及田间杂草，减少田间菌源。其次要加强田间管理，增施磷、钾肥，避免偏施氮肥。高温季节适当深灌水，降低水温和地温，控制发病。

发病初期适时喷药防治，可选用25%三唑酮乳油1500倍液，或40%氟硅唑乳油5 000～8 000倍液，或40%硫磺·多菌灵悬浮剂400倍液喷雾，孕茭期应避免使用三唑酮。

2. 胡麻叶斑病

（1）**危害症状** 夏秋季发病较重，病斑主要发生在叶片上，开始是褐色小点，以后扩大成椭圆形芝麻状病斑。长期连作、田间缺钾和缺锌、植株生长不良，易于发病。

（2）**防治方法** 结合冬前割茬，彻底清理病残老叶，集中粉碎沤肥，减少田间菌源；加强肥水管理，冬施腊肥，春施返青肥，病害常发区注意增施磷、钾肥和锌肥，适时适度排水晒田，增加土壤透气性。发病初期进行药剂防治，可选用20%三环唑可湿性粉剂500倍液，或40%氟硅唑乳油5 000倍液，或70%甲基硫菌灵可湿性粉剂600倍液喷雾，每7～15天防治1次，视病情防治2～4次。

3. 纹枯病

（1）**危害症状** 发病初，在近水面的叶鞘上产生椭圆形灰绿色水渍状斑点，以后扩大呈云纹状、中部灰白色，潮湿时变为灰绿色。病斑由下而上扩展，蔓延至叶片、叶尖使整叶枯死。高温多雨、氮肥过多、枞水烂田及下部小分蘖受害严重。

（2）**防治方法** 施足基肥，增施磷、钾肥，避免偏施氮肥。根据茭株有效分蘖和正常孕茭需要，坚持前期浅灌水、中期晒田、后期保持浅水湿润的水位管理原则，避免长期深灌。结合中耕管理，及时除去下部病叶、黄叶，增加田间通透性。发病初期及时喷药防治，可选用65%甲霜灵可湿性粉剂600倍液，或40%菌核利可湿性粉剂500倍液，或5%井冈霉素可湿性粉剂3 000～4 000倍液喷雾，重点防治叶鞘。

4. 螟 虫

（1）**危害症状** 螟虫有大螟和二化螟两种。幼虫蛀食茭苗钻入茭肉，形成抽心死苗和虫蛀茭。大螟二龄后蛀入茎秆或转株危害。

二化螟初孵蚁螟集中在叶鞘内侧危害，造成枯鞘，二龄开始分散侵入茎秆，三龄转移危害。

（2）**防治方法**　清洁田园，除净茭白残株和田埂杂草，减少越冬虫量和产孵场所。拉清黄叶，消灭二代蛹，阻断繁殖链。药剂防治，可用15%氟虫腈悬浮剂1000～1500液，或90%晶体敌百虫1000倍液喷雾。二化螟在蚁螟盛期、大螟在蚁螟盛孵期至二龄转移前施药。

5. 长绿飞虱

（1）**危害症状**　成虫和若虫刺吸汁液，使茭白叶片卷曲发黄，从叶尖向下逐渐枯焦，严重时全株枯黄，植株矮小。成虫有趋光性，迁飞力强，成虫和若虫有群集性，大多栖息在叶片中脉附近。

（2）**防治方法**　清洁田园，消除杂草和残茬。药剂防治，用40%乐果乳油1000倍液，或2.5%高效氯氰菊酯乳油2000倍液，或25%噻嗪酮可湿性粉剂1500倍液喷雾。

（七）采收与贮藏保鲜

当肉质茭明显膨大，叶鞘抱合处分开，包茭的3片叶叶枕基部相齐、3片叶长齐，心叶短缩，叶鞘交接处明显束成腰状，叶鞘一侧略有裂口、微露茭肉，露出部分不超过1～1.5厘米，为采收适期。但夏茭因采收期温度较高，成熟较快，容易发青变老，所以只要见叶鞘中部茭肉膨大而出现皱痕时就要及时采收。

采收时先将茭白与茎基部分开，再齐苔管拧断，注意不要损伤邻近分蘖。双季茭6月上旬至8月下旬夏茭上市，9月上旬至10月中旬秋茭上市；单季茭8月上旬至9月下旬上市。

茭白采收后，将叶片在齐茭白眼处削去，并将茭白基部的苔管削去，只带2～3个30厘米长的紧身叶鞘，这种茭白产品称为"水壳"，又叫"毛茭"、"壳茭"。水壳因茭肉受外壳保护，容易保持茭肉的质量，一般肉质茎保持5～7天不变质，便于运输和短期贮藏。

也有的将基部苔管削去，剥除叶鞘，只留茭肉，这种茭白产品称为"王子"，又叫"光茭"、"王茭"，这种茭白见光后容易发青、发黄，只能就地现销。

将采收待运的茭白放在阴凉通风的地方，使产品自然降温，除去田热。将带 2～3 张壳的茭白扎成小捆，每捆重 5～7.5 千克，堆放在贮藏货架或冷库内，温度保持在 0℃～1℃。

二十、乌塌菜

（一）生物学特性

乌塌菜又名塌菜、塌棵菜、塌地松、黑菜等，为十字花科芸薹属芸薹种白菜亚种的一个变种，2年生草本植物，以墨绿色叶片供食。原产我国，在长江流域广泛栽培，深受人们喜爱。但在北方栽培甚少，仅在大城市近郊有零星栽培，一直为稀特蔬菜。近年来，北方保护地栽培发展迅速，可以利用简陋、保温性能稍差的保护设施进行越冬栽培乌塌菜，随时供应叶色浓绿的产品。随着人们生活水平的提高，对绿色蔬菜的需求也越来越多，乌塌菜以其浓绿的颜色受到人们的青睐，近年来华北冬季市场上乌塌菜的供应量有迅速上升的趋势。

乌塌菜植株开展度大，莲座叶塌地或半塌地生长。叶圆形、椭圆形或倒卵圆形，浓绿色至墨绿色。乌塌菜一般分为2种类型：一是塌地型，其株形扁平，叶片椭圆或倒卵形、墨绿色，叶面皱缩、有光泽、全绿，四周向外翻卷。叶柄浅绿色，扁平，单株重约400克。二是半塌地型，叶丛半直立，叶片圆形、墨绿色。叶面褶皱，叶脉细稀，全绿。叶柄扁平微凹、光滑、白色。另外，有的品种半结球、叶尖外翻、翻卷部分黄色。乌塌菜须根发达，分布较浅。茎短缩，花芽分化后抽薹伸长。叶腋间抽生总状花序，这些花序再分枝1～3次而形成复总状花序，花黄色。果实长角形，成熟时易开裂。种子圆形、红色或黄褐色。乌塌菜性喜冷凉，种子在15℃～30℃条件下经1～3天发芽，发芽适温为20℃～25℃，4℃～8℃为最低温，

40℃为最高温。乌榻菜能耐受 -8℃～-10℃的低温及 25℃以上的高温。乌塌菜对光照要求较强,阴雨、弱光易引起徒长,茎节伸长,品质下降。乌塌菜对土壤的适应性较强,但以富含有机质、保水保肥力强的黏土或冲积土最为适宜,较耐酸性土壤。乌塌菜喜湿但不耐涝。乌塌菜在种子萌动及绿体植株阶段,均可接受低温感应而完成春化,长日照及较高的温度条件有利于抽薹开花。

(二)主栽品种

1. 小 八 叶

上海市地方品种。植株塌地,开展度约 20 厘米,中部叶片排列紧密、叶近圆形、长约 6 厘米、宽约 6 厘米,叶面皱缩、全缘、深绿色、叶柄扁平、浅绿色。单株重 200 克左右。较早熟,生长期70 天左右,耐寒性强。每 667 米² 产量约 1 000 千克。

2. 六安黄心乌

安徽省六安市地方品种。植株半塌地,株形紧凑,株高约 25厘米。叶卵圆形,叶面泡状皱缩,叶缘波状,外叶绿色,叶柄扁平微凹、白色。半结球,球叶叶尖外翻,翻卷部分黄色,单株重250～500 克,大的可达 1 千克。耐寒性强,适于秋冬栽培。每 667米² 产量 2 000～4 000 千克。

3. 六合菊花心

江苏省农业科学院蔬菜研究所育成。植株半塌地,略包心,株高 11～13 厘米,开展度 22～27 厘米。叶近圆形,叶长 12～13 厘米、宽 12～13 厘米,叶面皱缩,外叶深绿色,心叶黄色,叶柄扁、略宽、白色,全株有 23～27 片叶。单株重 190～300 克,生长期100～120 天。耐寒、抗病、丰产,每 667 米² 产量约 2 700 千克。

4. 中 八 叶

上海市地方品种。植株塌地,开展度 25 厘米左右。叶片近圆形,叶长约 7 厘米、宽约 7 厘米,叶面皱缩、全缘、深绿色。叶柄长约 7 厘米、宽约 1.8 厘米,扁平、浅绿色。单株重 350 克左右,生长期 80 天左右，耐寒性强。每 667 米^{2}产量 1 250 千克左右。

（三）播种育苗

1. 播种时间

在不同的季节选用适宜的品种，乌塌菜基本可实现周年生产。冬春季栽培可选用冬性强晚抽薹品种，春季可选用冬性弱的品种，高温多雨季节可选用多抗、适应性广的品种，秋冬栽培可选用耐低温的塌地型品种。华北地区春季一般 5 月上旬至 6 月上旬直播，6 月下旬至 7 月中下旬收获。秋季 8 月中下旬至 9 月上旬播种，10 月上旬至 11 月上旬收获。在进行越冬栽培时，9 月下旬播种育苗，10 月下旬移植于阳畦，12 月份至翌年 2 月份随时收获。

2. 育苗技术

苗床应建在未种过十字花科蔬菜的地块，以保水保肥力强、排水良好的壤土为佳。每公顷施腐熟有机肥 45 000 千克，深翻 30 厘米，进行晒地。做平畦，畦宽 1.5～2 米。一般干籽播种，也可用清水浸泡 1 小时后播种。播前苗床浇水，水渗下后撒种，播后覆 1 厘米厚细土，每公顷苗床播种量 11.5～15 千克。出苗后及时浇水，一般每 3～5 天浇 1 次水，保持地面湿润，勿使土壤干旱。在 1～2 片真叶时进行第一次间苗，苗距 1.5～3.3 厘米。在 3～4 片真叶时进行第二次间苗，苗距 6.6 厘米左右。第一片真叶展开时，结合浇水每公顷追施人粪尿 4 500～7 500 千克。3～4 片真叶时，结合浇水每公顷追施人粪尿 7 500～10 000 千克。苗期及时拔草。苗龄 40～50 天、4～5 片真叶时即可定植。

华北地区乌塌菜越冬栽培，利用塑料大、中、小棚栽培时，育苗播种期为 9 月份。此期外界气温尚高，可以露地建床育苗，方法同秋季露地栽培育苗。利用日光温室栽培时，育苗播种期为 10 月份，播种育苗较早，也可采用露地育苗法；如果育苗在 10 月下旬，幼苗生长后期外界温度较低，则应在日光温室等保护设施中建育苗床。育苗床建造及播种方法同露地育苗。在保护设施中育苗时，前期应加强通风降温，进入11月中下旬，随着外界气温下降，白天应逐渐减少通风，夜间密闭塑料薄膜，使白天温度保持18℃～20℃、夜间10℃～12℃，防止25℃以上的高温造成幼苗徒长。育苗期其他管理同露地育苗。

（四）整地定植

定植前每667米²施腐熟有机肥3 000千克，深翻后做成平畦。定植时尽量少伤根系和叶片，以免造成伤口，诱发病害。定植深度：早秋宜浅栽，以与幼苗原入土深度一致为佳，深栽易发生烂心；晚秋宜稍深栽，可以提高抗寒力；在土质松软时，宜深栽，黏重土宜浅栽。一般情况下，以第一片真叶在地表以上为宜。定植行株距为15～20厘米×15～20厘米。定植后立即浇水。华北地区乌塌菜越冬栽培，定植期为10月中下旬至11月下旬。此期外界气温逐渐降低，为提高定植成活率，应选晴暖天气气温较高时定植。定植深度应稍深些，以土埋住第一片真叶以下为度。定植后，根据外界气温情况，夜间扣严塑料薄膜保温，白天进行通风，设施内温度白天保持在18℃～20℃、夜间10℃～15℃。设施内白天温度不能超过25℃，以防降低产品质量。12月份后，外界气温较低，应减少通风，夜间加盖草苫保温，防止设施内温度降至0℃以下。

（五）肥水管理

缓苗期，每1～2天浇1水，促进缓苗。缓苗后，生长前期为气温高、蒸发量大的早秋季节，应多浇水，保持土壤湿润。一般2～3天浇1次水。10月中下旬以后，天气逐渐凉爽，土壤蒸发量渐小，可适当少浇水，但仍要保持土壤湿润，由3～5天浇1次水，逐步减少至5～7天浇1次水。缓苗后，结合浇水每667米²施人粪尿液500～1 700千克、尿素10～15千克。以后每15天追施1次肥，每次每667米²施人粪尿1 000千克，或尿素15千克，共追肥2～3次。采收前15～20天停止施肥。华北地区乌塌菜越冬栽培定植后，土壤蒸发量较小，可适当少浇水，只要土壤能保持湿润，则不浇水。一般 11 月份每 7～10 天浇 1 次水，12 月份每 15～20 天浇 1 次水，翌年 1 月份不浇水也不追肥。其他追肥管理同露地。

（六）病虫害防治

乌塌菜经常发生的病害有病毒病、霜霉病、软腐病等，常发生的虫害有菜青虫、菜螟、黄条跳甲等。

1. 病 毒 病

（1）**危害症状**　此病全生育期均可发生，田间常表现 2 种类型症状，即花叶皱缩型和蚀纹坏死斑型。前者表现不均匀花叶或斑驳，心叶和嫩叶畸形，叶脉略透明，叶肉严重皱缩，凹凸不平，严重时植株生长缓慢或停止生长，外部叶片黄化枯死；后者病株外部叶片上出现许多近圆形或不规则形白色至灰褐色坏死斑，限制病毒向心叶发展蔓延。随病害发展，多个病斑连接成片，致叶片坏死枯焦。

（2）**防治方法**　可选用 27% 高脂膜乳剂 200～500 倍液，或 10% 混合脂肪酸水剂 100 倍液，或 20% 吗胍·乙酸铜可湿性粉剂 400～600 倍液，或 0.5% 菇类蛋白多糖水剂 300～400 倍液喷施防治，每 7～10 天喷 1 次，连喷 3～4 次。

2. 霜 霉 病

（1）**危害症状**　发病叶正面出现灰白色、淡黄色或黄绿色边缘不明显的病斑，后扩大为黄褐色病斑，受叶脉限制呈多角形或不规则形病斑，叶背密生白色霉层。发病严重时多个病斑融合成大斑导致叶片干枯死亡。

（2）**防治方法**　发病初期可用 40% 三乙膦酸铝可湿性粉剂 300 倍液，或 25% 甲霜灵可湿性粉剂 800 倍液，或 64% 噁霜·锰锌可湿性粉剂 500 倍液，或 72.2% 霜霉威水剂 600～1000 倍液，或 80% 代森锰锌可湿性粉剂 400～600 倍液喷施，每 7～10 天喷 1 次，连喷 3～4 次。

3. 软 腐 病

（1）**危害症状** 茎基部或靠近地面的根茎处产生不规则水渍状病斑，后病部逐渐向内或上下扩展，致茎内软腐中空，流出恶臭味的黏液。

（2）**防治方法** 发病严重地，在根周围撒石灰粉，每公顷用石灰粉900千克，防止病害流行。播种前，用枯草芽孢杆菌 B_1 菌株拌种，每公顷用量1 500克，或用种子重量1.5%的中生菌素拌种。发病初期可用2%嘧啶核苷类抗菌素水剂150倍液，或72%硫酸链霉素可溶性粉剂100毫克/千克液，或90%新植霉素可溶性粉剂200毫克/千克液，或70%敌磺钠可溶性粉剂500～1 000倍液，或枯草芽孢杆菌 B_1 80倍液喷雾或灌根，每株用药液约250克。

4. 黄条跳甲防治

可用90%晶体敌百虫800倍液，或50%杀螟丹可溶性粉剂1 500倍液，于早晨或傍晚全面喷施。也可每667米^{2}用3%氯唑磷颗粒剂1～2千克，于播种前撒施于土壤中。

5. 菜青虫、小菜蛾、斜纹夜蛾防治

可用20%氯氰菊酯乳油1 500倍液，或5%氟啶脲乳油1 500倍液喷杀。

（七）采收与贮藏保鲜

乌塌菜没有明确的采收期，可根据市场价格在田间拔大留小，随时采收上市。在华北地区，播种后50～60天即可采收上市。

贮藏时，可将乌塌菜运到库内，去掉黄帮、烂叶及劈折的叶柄、杂草、泥土，去掉有病虫害和不完整的菜棵。将挑选好的乌塌菜理顺整齐，用撕裂膜捆成250克左右的小把，绳系得松紧应适宜。预冷24小时，装入0.03毫米厚的塑料袋中，每袋装1千克左右，折口。温度控制在0℃、空气相对湿度控制在95%～100%。

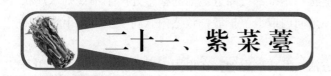

二十一、紫菜薹

（一）生物学特性

紫菜薹又名红油菜薹、红菜薹等，属十字花科。根系较浅，主根不发达，须根多，再生力强，育苗移栽成活率高。茎营养生长期短缩，能发生很多基叶和腋芽。苗期经低温春化后，在15℃～25℃、良好光照和充足的矿质营养条件下抽生花薹。腋芽可萌发侧花薹，菜薹形成期需40～60天。紫菜薹以柔软的花薹供食，其品质脆嫩、风味别致、营养丰富，是白菜类稀有的特色菜，无论是素炒、荤炒、凉拌、煲汤无不鲜嫩爽口。紫菜薹腋芽萌发力强，可多次采收侧薹，产量高，市场供应期为11月份至翌年3月份，经济效益可观。

（二）主栽品种

1. 武昌红叶大股子

早熟品种，较耐热，适于在温度较高的季节栽培。植株高大，开展度大，基叶椭圆形，叶柄和叶脉均为紫红色，主薹高约50厘米，薹横径约2厘米、皮紫红色、肉白色，腋芽萌发力强，每株可收侧薹20多根，单株薹重约0.5千克，品质好。从定植至初收40～50天，每667米²产菜薹1 500千克左右。

2. 成都尖叶子

早熟品种，较耐热，植株矮小。基叶近披针形，顶端稍尖、深绿色，叶柄和叶脉均为紫色。主薹较小，腋芽萌发力强，侧芽多，品质中等。播后 60 天左右开始采收，每 667 米^{2}产量 750～1 000 千克。

3. 二 早 子

中熟种，植株生长势旺盛，分枝力中等，抽薹力强。叶片卵圆形、绿色，叶面光滑，叶柄及叶脉紫红色。薹较粗、鲜紫红色，主薹摘后侧薹生长整齐、品质好，一般可采收 3 批菜薹。较耐热，定植后 70 天开始采收，每 667 米^{2}产量 600～750 千克。

4. 胭 脂 红

晚熟品种，耐寒力较强，耐热力较弱。主薹高 40～50 厘米，横茎 1.6 厘米左右，腋芽萌发力较弱，侧薹较少，品质细嫩优良。单株薹重约 0.4 千克，每 667 米^{2}产量约 1 500 千克。

（三）播种育苗

1. 播 种 期

根据品种特性与各地气候而定，长江流域早熟品种播期一般在 8～9 月份，晚熟品种在 9～10 月份。华北地区可以从 3 月中旬开始分期播种，多次收获。

2. 整地做畦

选择前茬为非十字花科作物且肥沃的沙壤土做苗床，播前每 667 米^{2}施腐熟有机肥 2 000～3 000 千克，深翻整平，做宽 1.2～1.5 米、高 15～20 厘米的小高畦。播前浇透水，待水下渗后均匀播种，播后覆 1 厘米左右厚的细土。每 667 米^{2}苗床播种量为 0.5～0.75 千克，成苗后可供大田 15 公顷。如播种时温度较高，可做成覆盖遮阳网的小拱棚，以调节温湿度，同时还能避免蚜虫危害及传染病毒病。移栽前 10～15 天揭网炼苗。

3. 培育壮苗

育苗期间保持床土湿润，一般 3～5 天可出苗。现真叶后开始间苗，以后每隔 4～5 天间 1 次苗，间去弱苗、过密苗、杂苗、病虫苗，移栽前最后 1 次间苗时保持苗距 7～10 厘米。每次间苗后，薄施人粪尿 1 次，移栽前 3～5 天再薄施 1 次人粪尿。

（四）整地定植

1. 整　地

紫菜薹对土壤要求不严格，但由于其根系分布较浅，应选保水保肥力强的沙壤土种植。定植前结合整地每 667 米^2 施腐熟有机肥 1 000～1 500 千克，深耕细耙做畦。按 40～50 厘米行距在畦上开定植沟，每 667 米^2 沟内施腐熟有机土杂肥 1 000～1 500 千克。

2. 定　植

秧苗 5～6 片真叶时即可定植。紫菜薹根系再生能力强，适于育苗移栽，苗龄以 25～30 天为宜。定植时按株距 30～35 厘米栽苗，早熟品种宜密些，晚熟品种宜稀些。移栽前 1 天下午苗床浇透水，以便于带土移栽秧苗，栽后浇定根水。

（五）田间管理

1. 浇　水

紫菜薹既怕旱又不耐涝，受旱易发生病毒病，过涝则易发生软腐病，因此要经常保持土壤湿润，忌忽干忽湿。定植后 2～3 天内早、晚各浇 1 次水，保持土壤湿润，以利活棵。植株进入旺长期需水较多，要保证供水充足。严冬来临前控制浇水。雨水多时要及时排涝。

2. 追　肥

肥料种类与菜薹品质有关，偏施速效氮肥的，菜薹味淡、纤维多；追施有机肥、复合肥的，菜薹味甜、脆嫩。成活后每 667 米^2 追施三元复合肥 10 千克。植株进入抽薹期后，供肥要充足，每 667 米^2 可追施尿素 20 千克。主薹采收后，每 667 米^2 施尿素 5～10 千克，促使侧薹粗壮。以后每采收 1 次菜薹，根据植株长势，每 667 米^2 施三元复合肥 10～15 千克。严寒时期控制肥水，以免植株生长过旺，遭受冻害。

（六）病虫害防治

1. 病 毒 病

（1）**危害症状**　紫菜薹生长前期温度过高，易发生病毒病。感染初期幼苗心叶、叶脉透明或沿脉失绿，产生浅绿色与浓绿色相间的斑驳或叶片皱缩不平，有的叶脉上产生褐色坏死斑。成株染病植株矮缩，叶片呈花叶色，有时在叶部形成密集的黑色小坏斑。

（2）**防治方法**　合理轮作，加强水分管理。在发病初期及时拔除病株，在苗期及时防治蚜虫。必要时采取化学防治，发病初期用20% 吗胍·乙酸铜可湿性粉剂 500 倍液，或 1.5% 烷醇·乙酸铜乳剂 1 000 倍液，每隔 10 天喷 1 次，连续喷 2～3 次。

2. 软 腐 病

（1）**危害症状**　紫菜薹软腐病多发生在生长中后期，主要危害叶片，柔嫩多汁组织及根、茎部。病部呈水渍状，逐渐变褐，软化腐烂，外叶萎垂或溃烂，病组织内充满污白色或黄褐色黏稠物，菜薹变黄，直至腐烂枯死。

（2）**防治方法**　加强田间管理，避免土壤过湿。发病初期喷洒72% 硫酸链霉素可溶性粉剂 3 000～4 000 倍液，或 14% 络氨铜水剂 350 倍液，每隔 10 天喷 1 次，连续防治 2～3 次。

（七）采收与贮藏保鲜

紫菜薹的产量主要取决于侧薹，因此主薹尽早采收，以促进侧薹早发。如采收过晚，不仅降低品质，还影响产量。当主菜薹长 25～30 厘米、开始开花时为采收适期，采收时切口要靠近基部，尽量少留腋芽，以保证侧薹粗壮。侧薹采收是在基部保留 1～2 个腋芽，用锋利的割薹刀从菜薹基部割取，切口略倾斜，避免积存肥、水，以减少软腐病的发生。

紫菜薹的贮藏保鲜以在低温条件下用塑料薄膜包装为好。先在5℃条件下预冷，然后装入塑料袋内，在温度为 4℃～9℃、空气相对湿度为 90% 的条件下贮藏。

二十二、球茎茴香

（一）生物学特性

球茎茴香又名意大利茴香、甜茴香，为伞形花科茴香属茴香种的一个变种。原产意大利南部，1964年引进我国北京，却一直未受到人们的重视。近些年我国一些大中型城市和沿海城市为满足涉外饭店及大型超市日益增长的市场需求，纷纷引种栽培。球茎茴香与我国种植近2 000年的小茴香是同一种植物，两者从叶色、叶形、花序、果实、种子等植物学性状及品质、风味等特征上相比，都极为相似，只是球茎茴香的叶鞘基部膨大、相互抱合形成一个扁球形或圆球形的球茎。成熟时，单株球茎可达250～1 000克，成为主要的食用部分，而细叶及叶柄往往是在植株较嫩的时候才食用，一般作馅用。种子同小茴香一样具有特殊的香气，可作调料或药用。球茎茴香膨大肥厚的叶鞘部鲜嫩质脆，味清甜，具有比小茴香略淡的清香，一般切成细丝放入调味品凉拌生食，也可配以各种肉类炒食。在欧美国家，球茎茴香是一种很受欢迎的蔬菜，近些年从我国部分城市的销售情况来看，它已得到大多数食者的认同，而且渐渐受到人们的青睐，市场前景好。

球茎茴香主根发达，须根、侧根较少，根系主要分布在10～20厘米的土层中。短缩茎，不易辨认，营养生长期株高70～100厘米。2～4回羽状复叶，小叶丝状、绿色。叶柄长，有大叶8～10片时，叶柄基部的叶鞘变肥厚呈肉质，并相互紧密抱合成扁圆形球状或近圆形的假茎，质脆味甘，为主要供食产品。花茎长，大型伞形花序，花黄色，有香气，花小，雄蕊 5 枚，子房 2 室，花瓣 5 枚，雌雄同花，异花授粉。果实长扁椭圆形，双悬果，成熟时黄褐色，可分离成 2 粒种子。种子无休眠期，落地即发芽，千粒重约 4 克，发芽力约 4 年。从种子吸水膨胀、萌动至发芽需 6～10 天时间。幼苗从第一片真叶展开至第五、第六片真叶展开需 10～15 天。从第五片真叶开始到叶鞘肥大开始需 25～30 天，从叶鞘开始肥大到停止肥大需 20～30 天。从抽薹开花至结实，整个生殖生长期需 50～80 天。球茎茴香喜冷凉气候，在 10℃～22℃ 条件下生长良好。种子萌发的适宜温度为 20℃～25℃，生长适宜温度为 15℃～20℃，白天温度不宜高于 25℃，夜间不宜低于 10℃，过高或过低都将影响生长和品质。苗期能耐受 -4℃ 低温和 35℃ 高温，幼苗在 4℃ 低温条件下才能通过春化。球茎茴香在整个生长发育过程中对水分要求严格，尤其在苗期及叶鞘膨大期，要求较高的空气湿度和湿润的土壤，不宜干旱。苗期对光照要求不严格，但充足的光照有利于壮苗的形成。球茎茴香对土壤要求不严格，pH 值 5.4～7 均能正常生长。为保证产品的质量和产量，宜选择保肥、保水力强的肥沃壤土种植。肥料以氮、钾需量略多。球茎茴香栽培容易，是一种适合秋冬季及冬春季保护地生产的蔬菜新品种。

（二）主栽品种

目前，球茎茴香种子多从国外引进，或从引进品种中自行选留繁种，多为常规品种。

1. 荷兰球茎茴香

植株高 70 厘米左右，叶长及开展度均为 50 厘米左右，球茎扁球形、浅绿白色。从播种至采收球茎，需要 75 天左右，单球重约 0.5 千克，每 667 米² 产量约 2 000 千克。

2. 意大利球茎茴香

株高约 54 厘米，开展度约 45 厘米，球茎纵径约 11 厘米、宽 6～7 厘米、厚 3～4 厘米，单球茎重 0.3～0.5 千克。

3. 白 玉

球茎表皮乳白色、扁圆形，味甜质脆。抗病丰产，适宜春秋露地及温室越冬栽培。

（三）播种育苗

1. 播种时间

华北地区采用露地和保护地相结合的栽培模式，可做到周年生产。春季露地栽培必须选择较耐热和对光照要求不严格的早熟品种，否则易发生早抽薹不结球现象。6月下旬至7月上旬播种，10月上旬至11月上旬采收的球茎可假植于阳畦或贮藏于菜窖随时上市。准备11月份以后采收的需用改良阳畦或温室栽培，播种期宜安排在7月下旬至8月上中旬，采收期可从11月下旬持续至翌年2月份。冬春茬于11月上旬至12月上旬在温室播种，12月中旬至翌年1月中旬定植于温室，3～4月份采收。华北露地栽培播种育苗时间一般为7月底至8月初，用黑色遮阳网覆盖育苗，以防高温暴雨危害，并可缩短日照时间。播种时间不能过早，否则即使采用遮阳网覆盖育苗，也会有不同程度的抽薹现象发生。

2. 种子处理

用种子重量2%～3%的50%多菌灵可湿性粉剂拌种，可有效防止球茎茴香软腐病的发生，也可在播前用48℃～50℃温水浸种25分钟。球茎茴香种子千粒重为3～5克，定植每667米^{2}需干种子70～80克，需40米^{2}育苗畦。

3. 育苗技术

球茎茴香可以直播，也可育苗移栽，但因苗期生长较慢，直播占地时间长；育苗移栽用地少，还可节省大量种子，所以生产中大多以育苗移栽为主。夏、秋季露地育苗要选地势较高、排水良好的地块。

（1）**苗床育苗** 如果育苗期处于气候炎热的季节，应选择四面通风、排水条件好、浇水方便的场地，最好覆盖遮阳网。每平方米

苗床施腐熟有机肥 2～3 千克、硫酸铵 0.05 千克、过磷酸钙 0.02～
0.3 千克，将这些肥料均匀地掺入土中混匀、耙平。然后开沟，沟
距约 10 厘米，沟深约 1 厘米，将种子均匀地撒进沟内，后覆土浇
水。出苗后进行间苗，间隔 2～3 厘米留 1 株无病的健壮苗，3～4
片真叶时再间苗 1 次，间隔 4～5 厘米。苗期应小水勤浇，保持土
壤见干见湿，定植前 1 天浇 1 次透水，第二天切方囤苗。播种后
25～30 天、4～5 片真叶时定植。起苗时，要避免伤根。

（2）**穴盘育苗**　球茎茴香叶片稀疏直立，根系分生能力弱，育
苗多选用 288 孔穴盘。采用美式的 288 孔苗盘每 1000 个盘备用基
质 2.76 米^3，采用韩国式的 288 孔苗盘每 1000 个盘备用基质 2.92
米^3。球茎茴香育苗基质以草炭和蛭石为主，草炭：蛭石＝2∶1 或
3∶1，或草炭：蛭石：废菇料＝1∶1∶1。配制时每立方米基质加叶
类菜基质专用肥 2 千克、50% 多菌灵可湿性粉剂 100 克或 75% 百
菌清可湿性粉剂 200 克，与基质混拌均匀备用。播种前应检测发芽
率，选择发芽率大于 90% 以上的优质种子。播种深度以 0.8～1 厘
米为宜，播种后用蛭石覆盖，覆盖蛭石不应超过盘面，各格室应清
晰可见。播种覆盖作业完毕后将育苗盘喷透水（水从穴盘底孔滴
出），球茎茴香从种子萌发至第一片真叶出现需 8～10 天，基质应
保持较高的湿度，相对含水量保持 85%～90%。从第一片真叶至成
苗需 20 天左右，相对含水量保持 70%～75%。夏季温度高蒸发量
大，每 1～2 天喷 1 次水。幼苗 2 叶 1 心后，结合喷水进行 1～2
次叶面喷肥，可选用 2%～3% 尿素溶液和磷酸二氢钾溶液喷洒。
球茎茴香性喜冷凉，生长适宜温度为 20℃～25℃，为防止高温危
害，晴天中午用遮阳网覆盖 2～3 小时。定植前 3～5 天不覆盖遮
阳网，使幼苗处于自然条件下进行适应锻炼。

（3）**苗期管理**　球茎茴香苗期生长慢，长不过杂草，因此苗床
育苗播种后 1～2 天内每 667 米^2 可用 50% 扑草净可湿性粉剂 100
克，对水 50 升喷洒畦面，然后用遮阳网覆盖。播种后 7～10 天出
苗，齐苗后浇 1 次小水，撤去遮阳网，撒厚约 0.5 厘米的细土。1～2

片真叶时分苗，苗地仍需用遮阳网覆盖以防高温暴雨。若用穴盘育苗，则可一次育成健壮苗。苗期要注意防治蚜虫的危害。

（四）整地定植

1. 整　地

耕地前每 667 米^2 施入腐熟细碎有机肥 3 000 千克左右。将地整平整细后做长 8 米、宽 80～90 厘米的瓦垄高畦，畦背宽 40～50 厘米，畦沟宽 40 厘米。最好铺地膜并安装滴灌设备。

2. 定　植

幼苗 5～6 片真叶、株高 20 厘米左右时定植。苗床育苗的应在起苗前充分浇透水，带土坨定植，选择阴天或傍晚定植。行距不少于 30 厘米，株距 25～30 厘米，每 667 米^2 栽植 6 000 株左右。在冬季温室栽培，弱光条件下不宜种植过密，以免光照不足，球茎过小，品质下降。种植时，尽量将叶鞘基部膨大的方向与栽植行的方向呈 45°角，以增加受光面积。种植后及时浇足定根水。

（五）田间管理

1. 露地栽培田间管理

定根水后至缓苗可再浇 2 次水，以保持田间土壤湿润。新叶长出后进行中耕除草，蹲苗 7～8 天，待苗高 30 厘米左右时，每 667 米^2 随水施硫酸铵 15 千克或碳酸氢铵 20 千克。球茎开始膨大时第二次追施，用肥量较第一次追肥增加 30%。球茎迅速长大期再追 1 次肥，用肥量同第一次。浇水要根据植株生长情况而定，苗期适当少浇，防止叶片徒长，球茎开始膨大后适当多浇，但浇水要均匀，不要忽干忽湿，以免造成球茎外层爆裂。保护地栽培，在 10 月中旬以后应扣上薄膜，刚扣膜时应打开大的通风口，逐步提高设施内的温度，不宜使温度突然升高，以日温 15℃～20℃、夜温不低于 10℃即可。立冬后气温持续下降，要及时加盖草苫，每天及时揭盖，每次中耕除草的同时注意打去叶腋处长出的侧枝。

2. 日光温室栽培田间管理

冬季生产春节上市的球茎茴香不仅可以增加花色，满足节日市场，而且可以增加农民收入，因此其生产发展较快。冬季生产中要达到高产高效的目的，应抓住以下几个重要环节。

（1）**日光温室准备**　由于球茎茴香苗期生长较慢，又怕寒冷，生长期较长，生产中应及时准备日光温室。温室连作球茎茴香菌核病发生较重，因此要对温室进行消毒处理，将上茬作物清理干净后，每 667 米^2 撒施生石灰和碎稻草或麦秸各 400～500 千克，然后翻地、做垄、浇水，盖严地膜，密闭温室闷棚 7～10 天，使土壤温度达 60℃以上，以杀死病菌。

（2）**品种选择**　冬季生产中，宜选用耐低温、弱光且整齐度较高的品种，如楷模、球茴 2 号、球茴 3 号等。

（3）**适期播种**　冬季栽培球茎茴香，从播种至采收一般需要130～150 天，春节前采收上市，播种期应选择在 8 月份，尤其是采用育苗移栽的应在 8 月上中旬播种。

（4）**定植前准备**　定植前用 25% 三唑酮可湿性粉剂 400 倍液喷洒温室进行消毒。结合整地每 667 米^2 施优质腐熟有机肥 3 000 千克、三元复合肥 50 千克。为充分发挥肥效，应将肥料集中施于施肥沟，施肥沟深约 20 厘米，窄行距约 40 厘米，宽行距约 60 厘米。施肥后做成高约 10 厘米、宽 60～70 厘米的小高畦。

（5）**通风换气**　缓苗后应在早晨、中午进行通风换气，天气较热的 10 月份应采用上、下两道风口通风，而较为冷凉的 11 月份及以后宜采用上风口通风。生产中通风换气时间可根据室内温度高低和湿度大小灵活掌握。

3. 冬春温室二茬栽培田间管理

（1）**品种选择**　选用耐低温、弱光，早春耐抽薹，冬季生育期为 120～140 天、春秋生育期为 90～100 天的早中熟品种。

（2）**前茬采收的要求**　温室前茬秋冬球茎茴香于翌年 1 月中旬至 2 月中旬进行采收，采收前土壤保持水分，但不可过湿，一般采收前 10～15 天停止浇水，以防土壤过湿造成伤口感染腐烂。采收时，用快刀在贴近底部第一片叶基部，于地面平行切取，保证老根切口平整。切口最低要高出地面 1～2 厘米，从而最大限度地避免伤口感染，同时也给伤口尽快愈合创造条件。

（3）**前期老根伤口的管理** 清除老根附近的残留茎叶，畦床表面要打扫干净。为防止伤口感染腐烂病、菌核病、枯萎病等病害，采收后，及时用 50% 腐霉利或 50% 甲基硫菌灵或 50% 多菌灵可湿性粉剂 50 倍液涂抹伤口，5～7 天后再涂抹 1 次。

（4）**前期侧芽的管理** 切口用药剂处理后，老根上的隐芽开始萌动生长，为促进其生长，并防止新出的小芽通过低温春化，此期温室内的温度不可过低，白天温度保持 20℃～22℃、夜间 10℃～12℃。采收后 10～15 天，老根切口下部的隐芽已经长至 5～7 厘米，侧芽有 5～10 个时用手掰去多余的侧芽，只留 1 个最健壮的芽，然后在所掰芽眼的伤口处再封涂 1 次药剂。定芽后，浇水施肥，每 667 米² 施硫酸铵 10 千克，可在距老根 15 厘米处搂沟埋施，施肥后及时浇水，但水量不可过大。

（5）**中期栽培管理** 进入 3 月份，温室温度逐渐升高，植株生长速度加快，白天通风时间要逐渐加长，白天温度保持 15℃～22℃、夜间 10℃～12℃。此期要加强肥水管理，做到水水带肥，氮、磷、钾肥轮流施用，以氮、钾肥为主，每次用量不可过大，每 7～10 天施肥 1 次，每次每 667 米² 可施三元复合肥 5～10 千克。

（6）**后期栽培管理** 二茬球茎茴香一般比直接定植的生长速度快，可提前进入球茎膨大期，4 月中旬进入生长后期，此期要适当控制肥水，保持畦面见干见湿；否则，上部叶片易徒长，不利于球茎生长，且球茎易松散。球茎茴香极少发生病害，但后期要加大通风量，并注意防治蚜虫。

（六）病虫害防治

球茎茴香的抗病性很强，新菜区很少发生病害，老菜区及保护地栽培，有时会因管理不善而发生幼苗猝倒病和菌核病。

1. 猝 倒 病

（1）**危害症状**　主要危害幼苗嫩茎和根茎部，发病初期病部呈现水渍状，后期植株腐烂或猝倒，发病严重时成片死亡。在温暖多湿条件下老菜园中较易发生病害。

（2）**防治方法**　苗期避免大水漫灌，以控制环境湿度。发现病株及时清除，喷洒 70% 乙铝·锰锌可湿性粉剂 500 倍液，或 64% 噁霜·锰锌可湿性粉剂 500 倍液，或 72% 霜脲·锰锌可湿性粉剂 800 倍液，每 7～10 天喷洒 1 次，连喷 2～3 次。

2. 菌 核 病

（1）**危害症状**　主要危害叶柄和球茎，被侵染的植株呈凋萎状，病部褐色湿润或变软腐烂，表面缠绕丝状菌丝体，发病后期病部表面及球茎腔内产生大量黑褐色菌核。病菌发育适温为 20℃，菌核不耐干燥，菌丝能在干燥的土壤中存活 3 年，一般在天气冷凉潮湿、排水不良、通透性差、偏施氮肥的情况下容易发病。

（2）**防治方法**　注意菜田轮作，种植前应对前作物及时清理、灭菌。定植时按每平方米用 25% 多菌灵可湿性粉剂 10 克与细土 1 千克拌匀撒施入土壤灭菌。种子最好用 10% 盐水浸泡处理后再播种。生产中注意调节田间湿度，尤其是低温期间不宜浇水过多，不要偏施氮肥，适当增施磷、钾肥。发现有发病迹象，及时喷施 65% 甲硫·乙霉威可湿性粉剂 600 倍液，或 40% 菌核净可湿性粉剂 500 倍液，或 50% 腐霉利可湿性粉剂 1 500～2 000 倍液。

3. 灰 霉 病

（1）**危害症状**　苗期、成株期均可发病。苗期染病，幼苗呈水渍状腐烂，上生灰色霉层，条件适宜时造成大量死苗、烂苗。成株染病时，叶片初期呈褐色坏死，以后在病部产生灰霉，并引起邻近植株发病坏死。

（2）**防治方法**　加强通风降低空气湿度，采用高畦栽培，避免大水漫灌。发病初期用 65% 甲硫·乙霉威可湿性粉剂 600 倍液喷雾。

4. 白粉病

（1）**危害症状**　危害植株地上所有部位。初期在植株表面出现少量白色粉状斑点，以后逐渐扩大，表面产生大量白色粉末状物，即病菌分生孢子梗和分生孢子。病菌相互融合，植株表面覆盖一层厚厚的白粉。随病害的发展，植株组织开始褪色，以后坏死枯萎。

（2）**防治方法**　发病初期可用40%氟硅唑乳油8 000倍液，或50%硫磺悬浮剂400倍液喷雾。

5. 蚜虫防治

采取黄板诱杀和敌敌畏熏蒸相结合进行防治，每667米²用黄板15～20块诱杀，或用30%敌敌畏烟剂0.3千克熏烟杀灭。用0.5%藜芦碱可溶性液剂400～800倍液喷洒杀灭，有效期可达14天左右。

（七）采收与贮藏保鲜

1. 采收

球茎茴香从播种至采收球茎需75天左右，此时单球茎长至250克以上。采前1周不浇水，可有效提高其耐藏性。上市切净根盘，球茎上留5厘米左右长的叶柄，其余部分全切去。采收最好选择温度最低的清晨，采收时用刀切除根盘。球茎茴香在采收和运输过程中叶鞘表面极易产生机械损伤，不仅影响商品品质，还增加损耗、降低贮藏性，因此要避免不必要的机械损伤。采收时最好将菜筐搬到地头，菜筐的四周围上包装纸，防止搬运过程中将菜硌伤。采收后将符合贮藏要求的球茎茴香整齐码放在菜筐中，防止贮藏过熟和抽薹。装卸车要轻轻搬动菜筐，避免碰撞造成机械损伤。

2. 预冷

可采用冷库预冷和差压预冷。①冷库预冷时预冷库温度设在0℃，预冷时将菜筐顺着库内冷风的流向堆码成排，排与排之间留出20～30厘米的缝隙（风道），靠墙一排离墙15厘米左右，码垛高度要低于风机。预冷时间为12～24小时。②差压预冷时预冷库温设在 0℃，预冷时按差压预冷机的要求进行堆码和预冷操作。预冷时间为 30 分钟左右。

3. 包　装

包装对提高球茎茴香贮藏质量非常重要，可有效延缓出现叶鞘变糠的时间。如不包装，贮藏几天叶鞘就会变糠，有效包装可使其延长至 20～30 天。但包装太严也会引起叶鞘褐变，因此要选择适宜的包装材料，生产中最好选择 0.01～0.02 毫米厚的聚乙烯塑料薄膜，单个或 2～3 个 1 包，包好后码放在菜筐中进行贮藏。也可用 0.03 毫米的聚乙烯塑料薄膜做成袋子套在贮藏筐上，折口或扎口贮藏。如贮藏量大，也可在库内把菜筐码成 2～3 排筐的垛，垛长可根据菜的多少和冷库的大小而定，垛高要低于冷库风机，可用 0.03～0.04 毫米厚的聚乙烯塑料薄膜做成大帐，扣在菜垛上进行贮藏。

4. 贮　藏

冷库贮藏温度为 0℃，贮藏过程中要保持温度均衡，避免忽高忽低。一般可贮藏 20～30 天，若继续延长贮藏时间，会因叶鞘变糠而严重影响商品性。

二十三、黄秋葵

（一）生物学特性

黄秋葵，又名补肾草、秋葵和羊角豆等，为锦葵科1年生草本植物，原产于非洲、中东、印度、斯里兰卡及东南亚等热带地区，我国引种时间较短，栽培面积较小。黄秋葵嫩果肉质柔嫩、润滑，可用于炒食、煮食和凉拌，其叶片、芽、花也可食用，是一种绿色高档营养保健蔬菜，近年来在日本和我国台湾、香港地区市场上成为热门蔬菜。

黄秋葵喜温暖，怕严寒，耐热，气温13℃、地温15℃时，种子即可发芽。种子发芽和生育期适温均为25℃～30℃，月均温度低于17℃，即影响开花结果；夜温低于14℃，则生长缓慢，植株矮小，叶片狭窄，开花少，落花多；26℃～28℃时开花多，坐果率高，果实发育快，产量高，品质好。黄秋葵耐旱、耐湿，但不耐涝，发芽期土壤湿度过大，易诱发立枯病；结果期干旱，植株长势差、品质劣，故生产中应始终保持土壤湿润。黄秋葵对光照条件尤为敏感，要求光照时间长、光照充足，因此应选择向阳地块，并注意合理密植，以免互相遮阴，影响通风透光。黄秋葵对土壤适应性较广，但以土层深厚、疏松肥沃、排水良好的壤土或沙壤土为宜。生长前期以氮肥为主，中后期需磷、钾肥较多。氮肥过多，植株易徒长，开花结果延迟，坐果节位升高；氮肥不足，植株生长不良而影响开花坐果。

（二）主栽品种

1. 五 角

从日本引入，植株高 1.5～2 米，分枝性强，自基部分枝 3～4 条，主、侧枝结果力均强。果实浓绿色，高温期淡绿色，五角形、细而长，完全无刚毛。早熟，耐热，采收期达 130 余天，每 667 米^{2}产量 2 500 千克左右。

2. 绿宝石

圆形品种，果荚长约 15 厘米、翠绿色，果荚质地软，食味极佳，即便采收期延后也不会木质化。植株长势强，产量较高，适宜露地栽培，一般 3 月中下旬播种，6～10 月份收获。

3. 卡里巴

植株高 1.5～2 米，茎圆柱形，叶片 5 裂绿色，果实浓绿色、五角形。以主茎结果为主，5～7 片叶腋出现第一朵花，花后 6～9 天果实可长至 10～12 厘米长，播种至收获 50～60 天，采收期110～130 天。

4. 绿 盐

五角形品种，棱角分明，商品性极好。果荚深绿色，荚果质地柔软，食味佳。很少出现残果、曲果，极少出现花青色果，良果率极高。耐暑、耐寒性强，植株长势一般，分枝少，叶小，易栽培，适宜温室栽培。

5. 五 福

从台湾地区引入，植株高 1.5～2 米，叶片细裂，主、侧枝均可结果。果色翠绿，果面光滑，果实五角形，偶有六角形。主枝第五节开始结果，每 667 米^{2}产量 3 000 千克左右。

（三）播种育苗

1. 播 种 期

黄秋葵以春播为主。一般在终霜后、10 厘米地温 15℃以上时直播较好。南方地区春天气温较高可在 2 月份以后直播，北方地区气温较低播种适期为 5 月上中旬，长江中下游地区 4 月上旬播种，沿海地区 4 月下旬播种。

2. 种子处理

播前浸种 12 小时，然后置于 25℃～30℃条件下催芽，约 24 小时后种子开始出芽，待 60%～70% 种子"破嘴"时即可播种。

3. 播种方法

（1）**直播** 以穴播为宜，每穴 3 株，穴深 2～3 厘米。先浇水，后播种，再覆土厚 2 厘米左右。直播每公顷用种子 10 千克。

（2）**育苗移栽** 一般比大田直播提前 20～30 天播种，可播于棚室苗床上。播前每 667 米² 撒施三元复合肥 20 千克，整细耙平，做成南北走向的小低畦，畦面宽 1 米左右，畦埂高 4～6 厘米，畦面要求北高南低，落差约 10 厘米，以利采光。每 667 米² 用种子约 1.5 千克，播后覆细土 1～1.5 厘米厚。播后床土温度保持 25℃左右，4～5 天即可发芽出土。在棚室采用营养钵、育苗盘或营养袋育苗则效果更好。

（四）整地定植

1. 整 地

黄秋葵忌连作，也不能与果菜类作物接茬，以免发生根结线虫病。最好选根菜类、叶菜类等作前茬，以土层深厚、肥沃疏松、保水保肥的壤土为宜。前茬作物收获后、冬前及时深耕，每公顷撒施腐熟厩肥 75 000 千克、三元复合肥 300 千克，混匀耙平做畦。

2. 定 植

（1）**定植密度** 露地栽培多采用以下两种方式：一是大小行种植。大行 70 厘米，小行 45 厘米，畦宽 200 厘米，每畦 4 行，株距 40 厘米。二是窄垄双行种植。垄宽 100 厘米，每垄种 2 行，行距 70 厘米，株距 40 厘米，畦沟宽 50 厘米。破心时进行第一次间苗，间去残弱小苗。2～3 片真叶时进行第二次间苗，选留壮苗。3～4 片真叶时定苗，每穴留 1 株。每 667 米² 以定植 2 500～3 000 株产量最高，产品质量也好。矮秆品种应稍密，高秆品种可稀些。

（2）**移栽方法** 定植的关键技术是带土移栽，应尽可能地保护其根系不受损伤。苗床育苗的起苗时应多带护根土，盆、钵及营养袋育苗的要保持钵、盆、袋土不散开。苗龄不宜过长，苗株不宜过大，以苗龄 25 天、幼苗 2～3 叶为佳；注意选用大小相当的壮苗，剔除瘦弱苗。定植后浇透定根水，以利成活。

（五）田间管理

1. 中耕除草与培土

幼苗出土或定植后气温较低，应连续中耕 2 次，提高地温，促进缓苗。第一朵花开放前加强中耕，以便适度蹲苗，以利根系发育。开花结果后，植株生长加快，每次浇水追肥后均应中耕，封垄前中耕培土，可防止植株倒伏。夏季暴雨多风地区，最好用高 1 米左右的竹竿或树枝插于植株附近并绑扶，防止倒伏。

2. 浇 水

黄秋葵生育期间要求较高的空气湿度和土壤湿度。播后 20 天内宜早晚进行人工喷灌，幼苗稍大后可以采用机械喷灌或沟灌。夏季正值黄秋葵收获盛期，需水量大，地表温度高，应在上午 9 时以前、下午日落以后浇水。雨季及时排水，防止死苗。整个生长期以保持土壤湿润为度。

3. 追 肥

在施足基肥的基础上应适当追肥。出苗后追肥 1 次，每公顷施尿素 90～120 千克。定苗或定植后再追肥 1 次，可开沟撒施，每公顷施三元复合肥 225～300 千克。开花结果期重施 1 次肥，每公顷施人粪稀液 30 000～45 000 千克，或三元复合肥 300～450 千克。生长中后期酌情多次少量追肥，每次每 667 米^{2}可施三元复合肥 5千克，以防植株早衰。

4. 植株调整

黄秋葵在正常条件下植株生长旺盛，主、侧枝粗壮，叶片肥大，易使开花结果延迟，生产中可进行扭枝，即将叶柄扭成弯曲状下垂，以控制营养生长。生育中后期，嫩果采收后其以下的各节老叶及时摘除，既可改善通风透光条件，减少养分消耗，又可防止病虫害蔓延。采收嫩果的适时摘心，促进侧枝结果，可提高早期产量。采收种果的及时摘心，促使种果老熟，以利籽粒饱满，可提高种子质量。

（六）病虫害防治

黄秋葵采收间隔日期短，防治病虫害要选用无公害蔬菜的适用农药，喷雾时尽量不要喷在花器或嫩果上。

1. 疫 病

（1）**危害症状** 黄秋葵苗期、成株期均可感染此病。当幼苗高20厘米以后，疫病病斑由叶片向主茎蔓延，使茎变细并褪色，至全株萎蔫或倒伏。叶片染病多从植株下部叶尖开始，发病初期为暗绿色水渍状不规则形病斑，扩大后转为褐色。

（2）**防治方法** 发病初期用72%霜脲·锰锌可湿性粉剂500倍液，或69%烯酰·锰锌可湿性粉剂900倍液，或64%噁霜·锰锌可湿性粉剂400倍液，或58%甲霜·锰锌可湿性粉剂500倍液喷施，每隔7～10天喷1次，连续喷2～3次。

2. 病 毒 病

（1）**危害症状** 病毒病是黄秋葵的主要病害，成株期比苗期发病重。植株染病后全株受害，尤其顶部嫩叶十分明显，叶片表现花叶或褐色斑纹状。早期染病会导致植株结实少或不结实。

（2）**防治方法** 不从病田留种，选用抗病品种。发病初期用5%菌毒清400～500倍液，或20%吗胍·乙酸铜可湿性粉剂400倍液，或1.5%烷醇·硫酸铜乳剂1000倍液喷施，每隔7～10天喷1次，连续喷3次。

3. 毒 毛 虫

（1）**危害症状** 主要危害幼苗，常在出苗后取食叶肉造成缺刻，严重时仅留叶脉。

（2）**防治方法** 用 5% 氟虫腈悬浮剂 1 500 倍液，或 1.8% 阿维菌素乳油 ＋40% 氰戊菊酯乳油 3 000 倍液喷雾。

4. 美洲斑潜蝇

（1）**危害症状** 整个生长期均可发生危害，主要危害叶片。

（2）**防治方法** 可用 1.8% 阿维菌素乳油 5 000 倍液，或 52.25% 氯氰·毒死蜱乳油 1 000 倍液，或 48% 毒死蜱乳油 1 000 倍液，或 5% 氟虫腈悬浮剂 800 倍液喷雾。

（七）采收与贮藏保鲜

黄秋葵从播种到株高 30 厘米左右、真叶 7～9 片时即可开花结荚，第一嫩果形成约需 60 天，采收期 60～100 天。

1. 采收标准

要求嫩果绿色、鲜亮，种粒开始膨大但无老化迹象。供鲜食的嫩荚，气温高时荚长 7～10 厘米、横径约 1.7 厘米；温度较低时荚长 7～9 厘米、横径约 1.7 厘米。供加工的嫩荚长 6～7 厘米、横径约 1.5 厘米为甲级品；长 8～9 厘米、横径约 1.7 厘米为乙级品；荚长 10 厘米以上为等外品。无论鲜食或加工，荚长都不要超过 10 厘米。如果采收不及时，则肉质老化、纤维增多，商品及食用价值降低。

2. 采收时间

一般第一次采收后，初期每隔 2～4 天采收 1 次，随温度升高，采收间隔缩短。8 月份盛果期，每天或隔天采收 1 次。9 月份以后，气温下降，3～4 天采收 1 次。

3. 采收方法

采收时用剪刀从果柄处剪下，切勿用手撕摘，以防损伤植株；注意不要漏采，如漏采或迟采，不仅单果老、质量差、影响食用和加工，而且影响其他嫩荚的生长发育。

4. 采后保鲜

嫩荚果呼吸作用强，采后极易发黄变老。如不能及时食用或加工，应注意保鲜。可将嫩荚装入塑料袋中，于4℃～5℃流动冷水中冷却至10℃左右，再贮于温度为7℃～10℃、空气相对湿度为95%条件下，可保鲜7～10天。远销外地的嫩果，必须在早晨剪齐果柄，装入保鲜袋或塑料盒中，再轻轻放入纸箱或木箱内，尽快送入0℃～5℃冷库预冷待运。如嫩荚发暗、萎软变黄，应立即处理，不再贮藏。

二十四、豆薯

（一）生物学特性

豆薯是1年或多年生缠绕性草质藤本植物，别名芒光、沙葛、凉薯、土瓜、地萝卜。豆薯的块根肥大呈圆锥形，皮、瓤均为白色，无核，脆嫩多汁，富含糖分、蛋白质、维生素C，可生食，也可熟食。种子及茎叶中含鱼藤酮，对人畜有剧毒，可制成杀虫剂。豆薯在北方也可栽培，但面积较小，属稀特蔬菜行列。豆薯为喜温喜光蔬菜，发芽期要求30℃的温度，地上部及开花结荚期的适宜温度为25℃～30℃。块根生长发育对温度的适应性较广，可在较低温度条件下膨大生长，但温度低于15℃，则生长发育受抑制。豆薯对土壤的要求较严格，要求土层深厚、疏松、排水良好的壤土或沙壤土，不适于在黏重、通透条件较差的土壤上种植。豆薯的根系强大，吸收力很强，较耐干旱和瘠薄。豆薯生长期长，需5～7个月才能收获。全生育期分4个时期：播种至第一对真叶展开为发芽期，第一对真叶展开至发生6～7个复叶和数条侧根为幼苗期，茎叶迅速生长、块根开始形成为发棵期，块根迅速膨大、60天左右为结薯期。

（二）主栽品种

1. 早熟种

植株生长势中等，叶片较小，块根膨大较早，生长期较短。块根扁圆形或纺锤形，皮薄，纤维少，单根重0.4～1千克，鲜食或炒食。其代表性品种有贵州黄平地瓜、四川遂宁地瓜、成都牧马山地瓜、广东顺德沙葛等。

2. 晚 熟 种

植株生长势强，生长期长，块根成熟较迟。块根扁纺锤形或圆锥形，皮较厚，纤维多，淀粉含量高，水分较少，一般单根重 1～1.5 千克，大者可达 5 千克以上，适于加工制粉。常见的代表性品种有广东湛江大葛薯、广州郊区迟沙葛、台湾圆锥形种等。

北方地区宜选用扁圆形品种，此类品种叶片较小，生长势中等，成熟早，品质好。

（三）整地种植

1. 整 地

豆薯生长期长、需肥量大，生长期不宜多次追肥，以防追肥不当造成薯皮变黑，影响品质，所以应重施基肥。冬前结合深翻每 667 米^2 施腐熟农家肥 4 000～5 000 千克、草木灰 100～150 千克，耙细整平，做成宽 100～150 厘米的平畦。

2. 种 植

（1）**播种时间** 由于豆薯生长期较长，北方地区应尽早播种，露地播种可在晚霜过后立即进行，华北等地在 4 月中下旬播种。若播种稍晚，由于生长期不足而影响产量。

（2）**播种方法** 豆薯种子种皮坚实，播前用 30℃温水浸种 3～4 小时，置于 25℃～30℃条件下催芽，待芽初出即进行播种。播种时，按 50 厘米行距开沟，沟深 5～6 厘米，每 667 米^2 沟内撒三元复合肥 10～15 千克，将土肥混匀后沟内浇水。待水渗下，在沟内每隔 3～4 厘米播 1 粒种子，播后覆土 3～4 厘米厚，有条件时覆盖地膜。

（3）**间苗补苗** 播种后 12～15 天幼苗出土，第一对基生叶出现后进行间苗、补苗，使幼苗株距保持 15 厘米。如有地膜覆盖，应将薄膜扎洞引苗出膜，并将苗基部地膜盖紧压严。

（四）田间管理

1. 中耕培垄

5月下旬当苗高7～8厘米时揭去地膜，进行浇水追肥。待表土稍干，即进行中耕松土保墒。结合中耕进行锄草培垄，分2次将行间土培到株间，使其成为高15～18厘米的小高垄。待支架后停止中耕培土。

2. 植株调整

苗高15厘米时进行支架。支架多用竹竿，可支成人字架或篱架，架高2米左右，人工引蔓上架。生长期及时摘除侧蔓及花蕾、花序，以节省养分，促进块根膨大。当植株长至20节左右、主蔓爬到架顶时摘心，以抑制顶端生长，促进块根形成。

3. 浇水追肥

揭开地膜后浇第一水，之后每5～7天浇1次水，保持土壤见干见湿。地上部出现花序后，块薯进入膨大期，应增加浇水，每3～5天浇1次水，保持地面湿润。雨季及时排除积水，防止涝害。

基肥充足的情况下，揭膜后每667米²追施尿素15～20千克。出现花序后，每20天左右追1次肥，每次每667米²追施三元复合肥15～20千克，共追施2～3次。追肥时应距植株稍远些，防止影响块茎质量。

（五）病虫害防治

1. 菌 核 病

（1）**危害症状** 菌核病是土传真菌病害，主要危害豆薯的幼苗茎基部及成株。幼苗茎基部感病后呈水渍状腐烂，可引起猝倒。成株受害多在近地面的茎部、叶柄和叶片上发生水渍状淡褐色病斑，边缘不明显，常引起叶球或茎基部腐烂。在高湿条件下，茎秆和病叶表面密生白色棉絮状菌丝体和黑色鼠粪状菌核硬块，病斑发朽、变黏。

（2）**防治方法** 留种田轮作和深翻灭菌；处理病残株；留种时剔除种子中夹杂的菌核。播前用 10%～15% 盐水或硫酸铵水选种，漂浮淘汰除绝大部分的菌核，选种后立即用清水冲洗，以免影响发芽。合理密植，改善栽培田环境和巧施磷肥，培育壮苗，提高植株抗病力。多雨时适时清沟防渍，降低田间湿度。用 1：2 草木灰、熟石灰混合粉撒于根部四周，每 667 米^2 用 30 千克；1：8 硫磺、石灰混合粉，喷于植株中下部，每 667 米^2 用 5 千克，进行预防。在病发初期，用 70% 代森锰锌可湿性粉剂 500 倍液，或 70% 甲基硫菌灵可湿性粉剂或 50% 多菌灵可湿性粉剂 1000 倍液，或 0.2%～0.3% 波尔多液，或 40% 菌核净可湿性粉剂 1500～2000 倍液，或 50% 腐霉利水剂 1000～1200 倍液喷雾，每隔 7～10 天喷 1 次，连续喷药 2～3 次。发病中前期，用 20% 硅唑·咪鲜胺可湿性粉剂 30 克＋噁霜·菌酯可湿性粉剂 25 克对水 15 升喷雾，每 5～7 天喷 1 次，连续喷 2～3 次。发病中后期，用 38% 噁霜·菌酯可湿性粉剂 25 克 +40% 嘧霉胺悬浮剂 10～15 克，或氯溴异氰尿酸 30 克，或 20% 硅唑·咪鲜胺可湿性粉剂 30 克，或 40% 腐霉利可湿性粉剂 15～20 克对水 15 升喷雾；也可用 40% 嘧霉胺悬浮剂 10～15 克 +40% 菌核净可湿性粉剂 20 克，或 40% 腐霉利可湿性粉剂 15～20 克对水 15 升喷雾，每 3～5 天用药 1 次。

2. 病 毒 病

（1）**危害症状** 主要危害豆薯叶片，在顶部幼嫩叶片的叶脉旁呈现小块褪绿斑，以后扩大变黄，叶片变小，叶缘反卷。发病严重时，除新叶外，老叶也发黄、硬化。也有受害叶片开始表现明脉，以后叶脉间失绿变黄，但主脉与支脉两旁的叶肉组织始终保持深绿色，形成沿叶脉纵绿条的条斑状，且叶片上引起褐色圆斑，后期则枯死，病株生长缓慢，有时发生顶端坏死。还有的在叶片产生不规则形锈色坏死斑，以后叶脉褪绿并逐渐呈锈色坏死。

（2）**防治方法** 用地要与菜地、温室、大棚等保持较远距离，以减少蚜虫传毒机会。选用无病种子，或用 55℃ 温水浸种 40 分钟后催芽播种，也可用 10% 磷酸三钠溶液浸泡 20 分钟，使种子表面携带的病毒失去活性。合理施肥，氮、磷、钾合理搭配，保证营养，增强抗病力。在田边设置黄色黏虫黏板，在蚜虫进田危害前被诱杀，减少传毒机会。发病初期用2%南宁霉素水剂200～250倍液，或20%吗胍·乙酸铜可湿性粉剂500倍液，或1.5%烷醇·硫酸铜乳剂1000倍液，或20%小叶敌（微量元素叶面肥）1000倍液，与防治蚜虫的药剂混用喷雾防治，每隔7天喷1次，连续2～3次。

3. 斜纹夜蛾

（1）**危害症状** 斜纹夜蛾是一种杂食性害虫，主要以幼虫危害全株。幼虫体色变化很大，主要有淡绿色、黑褐色、土黄色3种。低龄幼虫集叶背啃食，取食叶肉，仅留下表皮。三龄后分散危害叶片、嫩茎，造成叶片缺刻甚至全部吃光，蚕食花蕾造成缺损，容易暴发成灾。老龄幼虫可蛀食果实。该虫食性杂又可危害各器官，是一种危害性很大的害虫。

（2）**防治方法**

①农业防治 清除杂草，收获后翻耕晒土或浇水，破坏或恶化其化蛹场所，有助于减少虫源；结合管理随手摘除卵块和群集危害的初孵幼虫，以减少虫源。

②生物防治 通过人工在田间缓释化学信息素引诱雄蛾并捕杀，降低雌、雄交配，减少后代种群数量。

③物理防治 利用成虫趋光性点灯诱杀；利用成虫趋化性配糖醋液（糖∶醋∶酒∶水＝3∶4∶1∶2）加少量敌百虫诱蛾；柳枝蘸洒90%晶体敌百虫500倍液诱杀蛾子。

④药剂防治 交替喷施21%氰戊·马拉松乳油6 000～8 000倍液，或50%氰戊菊酯乳油4 000～6 000倍液，或2.5%联苯菊酯乳油4 000～5 000倍液，或20%甲氰菊酯乳油3 000倍液，或5%氟虫脲乳油2 000～3 000倍液，隔7～10天喷1次，连喷2～3次，喷匀喷足。

4. 蛴 螬

（1）**危害症状** 蛴螬在春、秋两季危害最重。咬食幼苗嫩茎，豆薯的块根被钻成孔眼，当植株枯黄而死时，再转移到别的植株继续危害。此外，蛴螬造成的伤口还可诱发病害。

（2）**防治方法**

①农业防治。不施未腐熟的有机肥料，精耕细作，及时镇压土壤，清除田间杂草。发生严重的地区，秋冬翻地可把越冬幼虫翻到地表使其风干、冻死或被天敌捕食。②药剂处理土壤。每667米^{2}用50%辛硫磷乳油200～250克，加水10倍喷于25～30千克细土上拌匀制成毒土，顺垄条施，随即浅锄，或将该毒土撒于种沟或地面，随即耕翻或混入厩肥中施用。也可每667米^{2}用5%辛硫磷颗粒剂2.5～3千克处理土壤。③药剂拌种。用50%辛硫磷乳油与水和种子按1∶30∶400～500的比例拌种。④毒饵诱杀。每667米^{2}用25%辛硫磷胶囊剂150～200克拌谷子等饵料5千克，或50%辛硫磷乳油50～100克拌饵料3～4千克，撒于种沟中。⑤设置黑光灯诱杀成虫，减少蛴螬的发生数量。

（六）采收与贮藏保鲜

豆薯播种4个月后，块根已膨大，即可开始采收。但这时产量不高，为求丰产，宜延迟1个月采收。若采收过迟，又会使品质下降。采收的豆薯先放在通风之处进行预冷处理，然后放入有透气孔衬膜的瓦棱纸箱或竹篓中，置于空气相对湿度65%～70%、温度13℃～15℃的环境中进行贮藏。

二十五、马齿苋

（一）生物学特性

马齿苋为马齿苋科1年生草本植物，别名长命草、五行草、瓜子菜、地马菜等，是一种常见中草药，也是普通百姓喜欢食用的野生蔬菜，是医药界和食品界公认的"药食同源"植物，具有清热利湿、解毒消肿、消炎、止渴、利尿等作用。

马齿苋适应性非常强，耐热、耐寒、耐涝、耐旱，无论强光、弱光都可以正常生长，但在阴湿肥沃的土地生长更加肥嫩粗大。种子发芽温度为20℃以上，最适温度为25℃～30℃，比较适宜在向阳、温暖、湿润、肥沃的壤土或沙壤土中生长，在我国南北各地广泛分布。

（二）主栽品种

1. 荷兰马齿苋

台湾农友公司称之为荷兰菜。植株直立，叶片较大，茎基部粗达0.7厘米，株高30～35厘米，茎淡红色，花黄色，小花，酸味稍高，生长迅速，产量高。

2. 野生马齿苋

常见的有宽叶苋、窄叶苋和观赏苋，其中宽叶苋茎粗叶片大而肥厚，较耐旱，是人工栽培的首选品种，可用播种和扦插方法繁殖。播种育苗上市早，经济效益好，适宜大面积生产。扦插育苗可就地取材，但上市迟，经济效益较差，仅适用于局部栽植或补栽。

（三）整地种植

1. 整 地

种植地宜选背风向阳、地势高燥、排水良好、肥沃的壤土或黏壤土。深翻 25 厘米以上，拾净草根，整细耙平做畦，畦宽 1.3 米、高 15 厘米，沟宽 20 厘米。结合整地每 667 米² 施腐熟堆厩肥 2 500 千克、过磷酸钙 50 千克作基肥。

2. 播 种

3 月下旬至 7 月下旬播种，每 667 米² 播种子 100～200 克，条播、撒播均可，但条播易于管理。播前要浇足底水，用 4～5 倍的细土或细沙与种子混合拌匀播种，播后覆盖 1 厘米厚的细土。春季搭约 33 厘米高的塑料小拱棚，以提高温湿度，促早萌发。当外界气温达到 15℃～20℃时，拆除小拱棚，以免高温高湿诱发病害。夏季高温期播种，畦面应盖草或遮阳网，土面发白时应立即浇水，出苗后揭除盖草或遮阳网。无论春播还是夏播，当幼苗出现第一片真叶时，施用 10% 人粪尿或碳酸氢铵 200 倍液催苗。

在苗高 5 厘米、10 厘米、15 厘米时各间苗 1 次，最后以株行距均为 10～15 厘米定苗。

（四）田间管理

5～6 月份旺盛生长期加强肥水管理，使马齿苋在干旱来临前枝叶繁茂。收获前 5～7 天用 30 毫克/千克赤霉素溶液喷施，可使植株嫩绿并增产 30% 以上。夏季若现蕾可进行多次摘心，并追施氮肥，促枝叶生长，延迟开花。生长期注重中耕除草并配合根部培土，同时加强病虫害防治。

（五）病虫害防治

马齿苋具有野生特征，植株生长健壮，生活力极强，病虫危害很少。

1. 白 锈 病

（1）**危害症状**　主要危害叶片，感病叶片上先出现黄色斑块，病斑边缘不明显，叶背面长出白色小疱斑，破裂后散出白色粉末。

（2）**防治方法**　发病初期用 25% 甲霜灵可湿性粉剂 800 倍液，或 64% 噁霜·锰锌可湿性粉剂 500 倍液，或 58% 甲霜·锰锌可湿性粉剂 500 倍液喷雾防治。

2. 白 粉 病

（1）**危害症状**　主要危害叶片，感病叶片上先出现白色粉斑，严重时茎叶上布满白色粉状霉层，影响光合作用，从而影响植株生长。

（2）**防治方法**　发病初期用 70% 甲基硫菌灵可湿性粉剂 800 倍液，或 25% 三唑酮可湿性粉剂 2 000 倍液喷雾防治。

3. 菌 核 病

（1）**危害症状**　主要危害茎，初期茎部或茎基部出现水渍状病斑，后变软，湿度大时病部长出白色菌丝或黑色鼠粪状菌核。

（2）**防治方法**　控制田间湿度可有效防止病害的发生。发病初期用 25% 甲霜灵可湿性粉剂 800 倍液，或 40% 菌核净可湿性粉剂 1 000 倍液，或 50% 乙烯菌核利可湿性粉剂 1 500 倍液喷雾防治。

4. 蜗 牛

（1）**危害症状**　蜗牛喜阴湿的环境，干旱时白天潜伏、夜间活动，爬过的地方留下黏液痕迹。

（2）**防治方法**　可撒生石灰防除，一般每 667 米² 用生石灰 5～10 千克撒在植株附近。也可夜间喷施 70～100 倍氨水毒杀。

（六）采收与贮藏保鲜

马齿苋可一次播种多次采收，苗高约 25 厘米时为采收适期，此时茎秆纤维少，食用鲜美，药用价值高。采收时掐取嫩茎中上部，留茎基部抽生新芽使植株继续生长，也可间拔，收大留小。第一次采收后，一般每隔 10～25 天采收 1 次，一直采至 10 月上旬，每次采收后每 667 米² 追施碳酸氢铵 25 千克。追肥浇水应在采收后第三天进行，以利伤口愈合，促芽萌发。采收后进行捆把，如需长途运输应放于筐内，在温度 1℃～3℃、空气相对湿度 96% 条件下预冷约 24 小时，然后用泡沫塑料箱包装运输，或贮存于 1℃的冷库中。

二十六、菊苣

（一）生物学特性

菊苣又名欧洲菊苣、法国苦苣，为菊科菊苣属2年生或多年生草本植物，是野生菊苣的一个变种。原产于地中海、亚洲中部和北非等地，尤以欧洲国家栽培较多。20世纪90年代引入我国并栽培成功，是一个有发展前景的特种无公害蔬菜。菊苣微苦带甜，脆嫩可口，深受广大消费者欢迎。

菊苣具有极强的抗逆性，耐寒，喜冷凉和充足的阳光，不耐高温。发芽适温15℃左右，苗期生长适温20℃～25℃，苗期能耐受30℃的高温，30℃以上高温会提早抽薹。叶片生长适温17℃～22℃，地上部能耐短期-1℃～-2℃的低温，根在-2℃～-3℃时冻不死。在短日照条件下生长旺盛。菊苣软化栽培适温15℃～20℃，温度过高芽球生长快，形成的芽球松散，不紧实；温度过低则迟迟不能形成芽球，但不影响芽球的品质。菊苣怕涝，喜湿润的环境。喜排水良好、土层深厚、富含有机质的沙壤土和壤土，土壤要求疏松，土壤中有石块、瓦砾时易形成杈根。菊苣对土壤的酸碱性适应力较强，但过酸的土壤不利于生长。菊苣根株在华北中南部地区可以露地越冬，春季高温长日照可促进菊苣抽薹开花，而秋季逐渐冷凉的气候有利于形成其良好的根株。一般秋季田间培育根株，冬季利用根株软化栽培形成软化芽球，冬春季供应市场。

（二）主栽品种

1. 晶 玉

叶片绿色，叶脉有白色乳汁状分泌物，味苦，叶片基部锯齿状，叶片多、一般 30～35 片，叶片上冲。抗病虫、抗寒，抗逆性强，耐抽薹。软化芽球淡黄色，中肋白色，芽球长炮弹形，球长 14～16 厘米、粗 4～5 厘米，单球重 100～150 克，味微苦带甜，口感清脆。每 667 米^{2}产芽球 750～1 000 千克。

2. 红 玉

叶片紫红色，叶脉有白色乳汁状分泌物，味苦。生长慢，叶片较少、一般 16～22 片，叶片短、上冲，长势弱。抗病虫、抗寒，抗逆性强，耐抽薹。软化芽球叶片红色鲜艳，中肋白色，芽球圆锥形，球长 8～12 厘米、粗 4～5 厘米，单球重 50～100 克，味微苦带甜，口感清脆。每 667 米^{2}产芽球 400～500 千克。

（三）播种育苗

1. 种子处理

播种前 7～10 天，将种子放置在阴凉通风处晾晒 1～2 天。一般进口的菊苣种子都用杀菌剂处理过，可以干播。自采或国内繁育的种子，可用凉水浸种，除去浮面的种子，下沉的饱满种子捞出，晾去水分后即可播种。

2. 播种育苗

华北地区一般在 7 月下旬至 8 月上旬播种。

（1）**直播** 菊苣直播采用起垄栽培，等行距 40 厘米，播种在垄的顶部。播种时先用竹竿划 0.5 厘米深的小沟，将种子均匀播在沟里，再用锄轻轻推平即可。直播每 667 米^{2}需种子 120～150 克，播种后随即浇水，注意不要串垄、不要漫过顶。出苗前浇 1 次水，出苗后再浇 1 次水。

（2）**穴盘育苗** 穴盘育苗起苗时不散坨、不伤根，成活率高，而且采用精量播种，每 667 米² 用种子 18～20 克，比直播省种子。

①育苗基质　可用无病虫害的田土作基质，有条件的可用草炭 2 份、蛭石 1 份，或草炭、废菇料、蛭石各 1 份混合。若用 288 孔苗盘，种植 667 米² 菊苣需用苗盘 40～50 个，每立方米基质可装 300 盘。在配制基质时，每立方米的基质加入三元复合肥 0.7 千克，或尿素和磷酸二氢钾各 0.5 千克，与基质拌匀后填入穴盘备用。

②播种方法　每穴播 1 粒种子，深度不超过 1 厘米，播后覆盖一薄层蛭石，以浇水后不露种子为度。播种后喷透水，以有水从穴盘底孔滴出、穴盘各格清晰可见为度。温度保持 20℃ 左右，3～4 天即可出齐苗，注意及时查苗补缺。

③苗期管理　育苗期正值高温多雨季节，苗地要注意防雨防高温。如在温室育苗，每天均要喷水，高温期早、晚各喷 1 次水。小苗 3 叶 1 心时，可结合喷水叶面喷肥 1～2 次，可用 0.3% 尿素 ＋0.2% 磷酸二氢钾混合液喷洒。

（四）整地定植

1. 整 地

播前 20～25 天，深耕整地，将基肥撒于地表后机械翻耕，耕深 25～30 厘米，整平土地。每 667 米² 施腐熟优质厩肥 5 000 千克、磷酸二铵 30 千克、硫酸钾 20 千克作基肥。播单垄时按 40 厘米距离起垄，垄高 15～17 厘米；播双垄时按 80 厘米距离起垄，垄高 12～15 厘米，做成 10～15 米长的畦，以利浇水均匀，并做到旱能浇、涝能排。

2. 定 植

直播菊苣 2～3 片叶时进行第一次间苗，4～5 片叶时进行第二次间苗，间去病弱苗。7～9 片叶时定苗，株距单行播种的 17 厘米，双行播种的 19 厘米，每 667 米² 留苗 8 500～10 000 株。穴盘育苗的，当小苗 3～4 片真叶时可移植到大田。

（五）田间管理

1. 普通生产田

定植时浇透水，定植后 4～5 天浇 1 次缓苗水，以后视墒情浇水。莲座后期，根株进入膨大期，追肥 1～2 次，每次每 667 米² 追施尿素 10 千克，追肥要结合浇水进行。定植或定苗后及时中耕除草 1～2 次，以控制地上部分生长，促进根株膨大。

2. 菊苣芽球生产（软化栽培）

（1）**菊苣土培法软化栽培**　土培软化栽培设施有日光温室、小暖窖、地窖等。主要栽培技术要点如下：

①建栽培池　在日光温室或小暖窖内，挖长 5～6 米、宽 1.2 米、深 0.5 米的栽培池。地窖内可做宽 1.2 米、长 5～6 米、深 0.3 米的水泥栽培池，立体架 2～3 层。

②种根分类　根据种根大小分级栽培，根头直径 4 厘米以上为一级，根头直径 3～4 厘米为二级，根头直径 3 厘米以下为三级。

③囤栽时间　种根收刨后，品种有休眠特性的冷处理 20 天后，根据上市时间，向前推移 35～40 天囤栽。无休眠特性的品种可不进行冷处理。

④根株处理　将根株上部削成尖塔状、留好顶芽，然后剪去下部根尖、最适长度为 20 厘米。在根冠上约 6 厘米处切除叶丛，瓣掉外部的黄叶、烂叶，把大、小根分别堆放，然后运至冷凉处贮存备用。整理时要注意根株上的叶茬不宜留得过长或过短，过长，贮存时易发生腐烂，伤及株根；过短，易切伤生长点而不能形成合格的商品芽球。整理和贮运操作务必在严寒来临前完成，切勿使根株受冻害，否则在软化栽培时会因根株冻伤而腐烂。

⑤码根　从池子一头开始码放菊苣根，每行 16～20 根，边码根边填土，要求上齐下不齐。码好之后，用园田土、沙土或锯末等填充根间隙。

⑥浇水　用塑料管伸到池底部浇水，以防水流冲倒根株，水应

浇足，浇水后上面不平处撒一些土补平。畦上面摆上竹竿，竹竿上覆盖黑色薄膜，使之不露任何光线。窖温保持 15℃～20℃，窖温高时揭开草苫降温，低时增加覆盖物。刚入窖时结露较多，应在晚上放开小口通风，但不要见光。

（2）菊苣水培法软化栽培 半地下式地窖和工厂化软化栽培多采用水培法，利于进行立体生产、机械操作，生产效率高。洗净根株，长短截齐。用清洁流动水，水位在肉质根的 1/3～1/2 处。严格遮光，温度保持 20℃以下、空气相对湿度保持 85%～95%。操作时动作要快，以尽可能减少囤栽室内见光的时间。

（3）菊苣露地越冬原位软化栽培 秋天生长好的根株不收刨，露地直接越冬或用玉米秸秆稍加覆盖越冬。翌年春季惊蛰前清除覆盖物，浇水，就地搭建小拱棚覆盖黑色塑料膜，并覆盖草苫保温，进行软化栽培。此方法仅适用于小面积栽培。

（4）菊苣家庭简易软化栽培 菊苣桶栽是利用高 40 厘米左右的塑料桶摆放菊苣根株，加水于根株高的 1/3～1/2 处进行水培，或在根株间隙填土后加水，桶上覆盖黑膜遮光。放在 10℃～15℃的房间中，可于晚上查看芽球的生长情况，并进行换水或加水。

（六）病虫害防治

1. 霜 霉 病

（1）危害症状 菊苣霜霉病主要危害叶片，由基部向上部叶发展。发病初期在叶面形成浅黄色近圆形至多角形病斑，空气潮湿时叶背产生霜状霉层，有时可蔓延至叶面。后期病斑枯死连片，呈黄褐色，严重时全部外叶枯黄死亡。

（2）防治方法 加强栽培管理，适当稀植，采用高畦栽培，浇小水，严禁大水漫灌。棚室栽培的应首先用粉尘或烟雾剂防治，发病前每 667 米^{2}用 5% 百菌清粉尘剂 1 千克喷粉预防，每隔 10～15 天喷 1 次，或用 45% 烯酰吗啉或百菌清烟剂 0.5 千克熏烟，每隔 7～10 天 1 次。发病初期选用 50% 烯酰吗啉可湿性粉剂 1 500 倍液，或 72% 霜脲·锰锌可湿性粉剂 600～800 倍液喷雾，喷雾时应尽量把药液喷到基部叶的背面。

2. 腐 烂 病

（1）**危害症状**　腐烂病是菊苣常见病害，在生产中后期开始发病，造成腐烂，严重时损失可达 80% 以上。腐烂病多从植株基部叶柄或根茎开始侵染，开始呈水渍状黄褐色斑，逐渐由叶柄向叶面扩展，由根茎或基部叶柄向上发展蔓延，空气潮湿时表现为软腐，根基部或叶柄基部产生稀疏的蛛丝状菌丝；空气干燥时，植株呈褐色枯死、萎缩。另外一种腐烂类型，多从植株基部伤口开始，初呈浸润半透明状，后病部扩大呈水渍状，充满浅灰褐色黏稠物，并发出恶臭气味。

（2）**防治方法**　播种前用种子重量 0.4% 的 50% 多菌灵可湿性粉剂拌种。施用充分腐熟的有机肥，适期播种，高温季节用遮阳网遮阴，多雨季节及时排水，并注意防治虫害。发现病株及早拔除，并选用 70% 甲基硫菌灵可湿性粉剂 600 倍液，或 70% 代森锰锌可湿性粉剂 500 倍液喷雾，重点喷洒植株基部。

（七）采收与贮藏保鲜

菊苣植株栽培 110～120 天，形成充实的肉质根，即可收获。收获期为 11 月中旬，收获前地干时应提前 5～7 天浇 1 次小水。收刨时先从距地面 4～5 厘米处割去叶片，再用镐、铁锹等将菊苣根挖出。捡出根株，在田间或窖边堆成小堆，盖上叶片，在 0℃～2℃条件下预冷 2～3 天后窖藏或冷库贮藏。也可堆放 10～15 天使其通过休眠期后，进行软化栽培。根株贮藏方法主要有窖藏和冷库贮藏两种，窖藏是利用冬季寒冷的自然气候条件，适宜短期贮存，一般可贮到翌年 2 月份，惊蛰前要用完，否则会生芽或烂窖。冷库可周年贮藏，冷库贮藏的根株可分批进行软化栽培，排开时间上市。

软化栽培的菊苣，待菊苣芽球长至高 10～15 厘米或单球重 80～

150 克时即可采收。采收时用刀在根茎结合部切下，去除外叶、杂质，然后装箱。芽球收获后，将种根继续培养，即可形成侧芽，一般每个侧芽球重 10～12 克即可采收。菊苣芽球较耐贮藏，以不冻为原则，于黑暗处 1℃～5℃条件下贮藏，可存放 30 天左右，冷库可贮藏 6 个月。

二十七、蕨菜

（一）生物学特性

蕨菜又叫拳头菜、猫爪、龙头菜，为水龙骨科多年生草本。早春新生叶拳卷，呈三叉状。柄叶鲜嫩，上披白色茸毛，此时为采集期。蕨菜喜欢湿润、凉爽的气候，要求有机质丰富、土层深厚、排水良好、植被覆盖率高的中性或微酸性土壤，对光照不敏感，对水分要求严格，不耐干旱。一般5月中下旬出苗，出苗后7～10天为嫩茎伸直生长期，之后进入展叶期，经40～50天至8月中旬展叶结束、生长停止。一般株高1米左右、展叶7～9层，9月中下旬地上茎叶变褐、枯萎。喜生于浅山区向阳地块，多分布于稀疏针阔混交林。蕨菜富含人体需要的多种维生素，还有清肠健胃、舒筋活络等功效。蕨菜经沸水烫后，浸入凉水中除去异味，便可食用。经处理的蕨菜口感清香滑润，再拌以佐料，清凉爽口，是难得的上乘酒菜。还可以炒吃、加工干菜、做馅、腌渍成罐头等。

（二）主栽品种

蕨菜种类很多，在我国东北、内蒙古、河北、宁夏、河南、安徽、山东、贵州、湖南及广西等地广泛分布，不同的地区品种各有特色，春天是蕨菜的采摘期。

1. 东北蕨菜

吉林省的山区和辽宁省东部山区分布较广、数量多，每年5月份开始上市。主要出口日本、韩国和其他国家，国内市场也很畅销。黑龙江海拔 200～800 米的高山地带也有分布，多与杂草混生，5 月中旬开始出土，5 月下旬至 6 月上旬即可采收。

2. 河北承德蕨菜

为河北著名的野生蔬菜，承德地区面积达 3.3 万公顷以上，主要分布于隆化、丰宁、平泉、宽城等地，年产量达 1 000 吨，是国内蕨菜主要出品基地。

3. 内蒙古蕨菜

内蒙古各地均有分布，但主要产区在赤峰市、兴安盟等地，年产量约 200 吨。当地采摘期在 6 月份。

（三）播种育苗

1. 引种育苗

尽可能引相似生态环境下的种。引种幼苗一般在春季生长期开始时为好，运输过程中要保持空气、土壤湿润。引种根状茎以秋季为好，在地上茎叶枯萎后、大地冻结前挖取；春季则在出苗之前挖取。挖取的根状茎应带有 2 个以上的芽簇，粗度以 7～10 毫米为宜，每颗直立芽应具有 10 毫米以上的根，保护好直立芽，是引种栽培的关键。苗床按 25 厘米行距开宽 10 厘米、深 15 厘米的沟，按 5 厘米芽距调整摆放根段，然后覆土 10 厘米厚。浇透水，水沉下去后再覆土 5 厘米厚，用耙子搂平。当移栽幼苗高 10～12 厘米时，带土坨移栽定植。

2. 子囊育苗

在蕨菜孢子囊未开裂的孢子囊群，用干净的剪刀将带孢子的叶片剪下，放入纸袋中风干。育苗时先用草炭土、河沙和草皮灰按 3：1：1 的比例混合，并拌匀过筛，制成培养基，蒸汽灭菌半小时后装入穴盘。播种前充分湿润，将孢子均匀地撒播在培养基质上，覆膜保湿。然后移到温床或培养箱中培养，温度保持 25℃，空气相对湿度保持 80% 以上，光照每天保持 14 小时以上。1 个月后孢子萌发，长出幼小原丝体，然后长成扁平心脏形或带状的配子体。在配子体的腹部长出颈卵器和球形精子器，这时每天喷水雾 2 次，连续 1 周，精子借水流动出来与卵结合形成胚。1 周后胚发育成孢子体小植株，孢子体长出 3～4 片叶后进行第一次移栽，1～2 周后移栽到温床外，小苗长大后进行第二次移栽或定植。

（四）整地定植

1. 整　地

蕨菜人工栽培必须施用腐熟有机肥，少施化肥。结合整地每 667 米^2 施腐熟农家肥 2 000 千克作基肥，可适量施用少量化肥及草木灰，肥料一定要细碎，结合整地均匀施入土壤中。深耕 25～30 厘米，整平耙细，南北向做畦、畦宽 1.2～1.5 米，进行垄作时垄宽 60～80 厘米。

2. 定　植

苗高 10～15 厘米时定植，带土坨移栽。定植时挖直径 20 厘米、深 15 厘米左右的定植穴，株行距均为 30 厘米。定植后立即浇 1 次透水，防止土壤干燥，覆土 3～5 厘米厚。架设小拱棚，盖上遮阳网或覆盖一层稻草，适时调节光照强度，以防强光暴晒，并遮阴保湿。

（五）田间管理

栽植后第一年田间管理的主要任务是做到苗齐、苗壮，土壤相对湿度保持在 55%～60%。生长发育期要经常中耕锄草，雨季加强排水，以免引起根的腐烂。入冬上冻时浇 1 次透水，即浇冬水；第二年的任务是培育根系，使根系粗壮形成多芽，当土壤层融化 6 厘米时，在行距中间开沟，沟深 8～10 厘米，每 667 米^2 施鸡粪 2 000 千克或掺入草木灰 1 000 千克，结合覆土浇 1 次透水，其他管理同第一年；第三年在土地解冻后，用耙子将地表土松动，不可太深，一般为 3 厘米左右，结合中耕每 667 米^2 施鸡粪 2 000 千克于地表，浇 1 次透水，其他管理同上年。第四年以后的管理同第三年。

（六）病虫害防治

1. 褐斑病

（1）危害症状　蕨类植物的褐斑病又叫叶斑病或叶枯病，常发生在叶片的顶端，受害叶片初期产生黑斑，后扩大成圆形或近圆形，病斑边缘黑褐色，中央灰黑色并有小黑点，此后病斑迅速扩大，最后叶片变成黑色干枯死亡。其主要传播途径是落叶，春、夏、秋季均有可能发生，高温多湿季节易流行。

（2）防治方法　发现病株立即剪除并集中焚烧，同时喷药保护。可先用 50% 多菌灵可湿性粉剂 1 000 倍液，或 50% 甲基硫菌灵可湿性粉剂 1 000 倍液，或 200 倍波尔多液喷施防治。

2. 介壳虫

（1）危害症状　在多种介壳虫中，褐软蚧和夹桃蚧危害最为严重。介壳虫寄生于蕨类植物叶片边缘或叶背面，其幼虫期很短，行动缓慢，当移动到叶背时，即开始结壳，用刺吸式口器吮吸植物体内的汁液。

（2）防治方法　5 月下旬为介壳虫孵化盛期，此时可用 40% 乐果乳油或 2.5% 溴氰菊酯乳油 3 000 倍液，或 80% 敌敌畏乳油 1 000 倍液喷雾防治。反复喷洒烟碱及肥皂溶液也能清除介壳虫。虫害严重时，可将整片叶子剪掉并焚烧。

3. 蚜虫

（1）危害症状　蚜虫常见的有黑色和绿色两种，通常出现在早春和夏初，常群居于蕨类植物幼嫩茎梢处。危害时用刺吸式口器吮吸植物体内的汁液，使植物生长停滞，叶片变黄。另外，蚜虫分泌物常招致各种霉菌的寄生，易产生煤污病。

（2）防治方法　可先用肥皂水清洗，再喷施 40% 乐果乳油 1 000～1 500 倍液，或 20% 氰戊菊酯乳油 2 000～3 000 倍液，或 2.5% 鱼藤精乳油 1 000～1 500 倍液，或 90% 晶体敌百虫 1 000 倍液防治。

4. 红蜘蛛

（1）**危害症状** 红蜘蛛为螨类，体积小，繁殖速度快，1年可繁殖10代左右。红蜘蛛用刺吸式口器吮吸蕨类植物的汁液，使植物生长停滞，叶片发黄。由于体型小、繁殖快，肉眼又较难发现，若防治不及时，危害会很严重。

（2）**防治方法** 高温持续季节用40%乐果乳油1000倍液喷施防治。

5. 蛞蝓

（1）**危害症状** 蛞蝓又称鼻涕虫，属腹足纲，蛞蝓科，形状似去壳的蜗牛，身体能分泌黏液，爬行后留下银白色条痕。初夏在树皮下及石下产白色的卵。蛞蝓是危害蕨类植物的主要害虫之一，常藏匿在盆钵的内壁、底部漏水孔处，或植株的基部及土壤表面的覆盖物下，喜夜间出来活动，咬食蕨类植物的幼嫩枝叶。

（2）**防治方法** 可在夜间10～11时喷施氨水70～100倍液进行防治，并可达到施肥的目的。

（七）采收与贮藏加工

1. 采收

蕨菜种植1次可采收10多年，每年春季或夏初，幼茎长至20～25厘米、叶柄幼嫩、小叶尚未展开而呈拳钩状时即可采收。采收过晚影响食用价值，并对翌年收获有不良影响；过早则会降低产量。采收时，可用刀割或用手掐，要尽量贴近地面。每采收1次后施1次薄肥，以稀释后的人粪尿或0.3%磷酸二氢钾溶液为宜，施肥在采收后2～3天进行，10～15天后可进行第二次采收，1年可连续采收2～3次。

2. 加工

出口蕨菜加工方法有腌渍和干制两种。如果腌渍，可选取粗壮、无虫蛀、长度在20厘米以上的新鲜蕨菜，切去老根，选长20厘米以上的扎把，每把直径5～6厘米、重250～260克。先在缸底撒一层厚约 2 厘米的盐，然后一层蕨菜、一层盐整齐排列放置。满缸后，其上覆 3 厘米厚的盐层，盐量为蕨菜重量的 30%。最上层放一块干净无味的木板，板上压重石。经过 7～10 天盐渍后，进行倒缸，将蕨菜倒在另一只缸中，上面的翻到下面，按盐渍蕨菜重量的 15% 加盐，一层蕨菜一层盐，上面再撒 2 厘米厚的盐层，并注入 22% 的过滤盐水，盖上木板，板上压重石，10～15 天即可包装。将盐渍蕨菜用 22% 的盐水冲洗 1 遍，去掉杂质，沥净水，放进衬有两层无毒塑料袋的桶中，上加一层卫生盐，灌满 22% 过滤的盐水，将两层塑料袋扎紧，排出空气，盖紧桶盖，放阴凉处保存或上市销售。如果干制，可选用鲜嫩粗壮、没有病虫害的蕨菜，去掉杂质，用开水浸煮 10 分钟，捞出晾晒。当外皮见干时，用手揉搓，反复搓晒 10 余次，经 2～3 天即可晒干。出口蕨菜干的标准是完全晒干，不发霉，无杂质，用手揉搓发软打卷，无老化硬梗。

二十八、佛手瓜

（一）生物学特性

佛手瓜又名隼人瓜、安南瓜、寿瓜、丰收瓜、洋瓜等，为手瓜属植物，原产于墨西哥、中美洲和西印度群岛，1915年传入我国。我国江南一带均有种植，以云南、浙江、福建、广东、台湾最多。佛手瓜果实清脆，营养丰富，幼嫩果实既可做菜，又能当水果生吃。由于果实含锌较高，对儿童智力发育、男女不育症尤其男性性功能衰退疗效明显，还可缓解老年人视力衰退。而且佛手瓜形如两掌合十，有佛教祝福之意，因此深受人们喜爱。佛手瓜食用方法很多，鲜瓜可切片、切丝、做荤炒、素炒、凉拌、做汤、涮火锅、饺子馅等，还可加工成腌制品或罐头。在国外，佛手瓜以蒸制、烘烤、油炸、嫩煎等方法食用。除果实外，其根茎也可以食用，方法和风味与土豆相似，嫩叶和新梢也可作为蔬菜食用。除食用外，其庞大的茎蔓可作动物饲料，瓜蔓可用来加工绳索。因为果形优美，还适合庭园种植，供观赏和遮阴绿化。

佛手瓜性喜温暖，并能耐受较高温度，属短日照植物，在长日照条件下只长蔓不开花。种子发芽适温为18℃～25℃，幼苗期生长适温为20℃～30℃，20℃以上才能正常生长，高于30℃时植株生长受抑制。当地温低于5℃时，根系易受冻害而枯死。栽培要求富含有机质、排灌良好的壤土。

（二）主栽品种

1. 古岭合掌瓜

植株攀缘生长，分枝性强，叶掌状五角形，主、侧蔓各节都生雌花。瓜梨形，外皮绿色、光滑、有光泽、无肉刺，肉质致密，品质佳。中熟，抗病性强，单瓜重约200克，每株产量约70千克。

2. 白皮佛手瓜

植株攀缘生长，分枝性强，第一雌花着生于主蔓9叶节。瓜扁梨形，外皮浅绿色，成熟瓜白绿色，具不规则棱沟，无刺毛。肉质致密且脆，含水分较少，品质佳。单瓜重约250克，每667米^{2}产量3 000～3 500千克。

（三）播种育苗

1. 种瓜选择

选择个头肥壮、单瓜重500克左右、表皮光滑、蜡质多、微黄色、茸毛不明显、芽眼微微突起、无伤疤破损、充分成熟的瓜作种瓜。将种瓜于11月下旬放在5℃～7℃的室内保存，具体方法是用箩筐装沙贮藏，装一层沙，放一层瓜，不留空隙，箩筐顶端覆盖10～15厘米厚的沙即可。若数量大可在室内建沙池贮藏，在整个贮藏期要特别注意：①自始至终不能浇水，即使表皮起皱也不能浇。②必须用沙贮藏覆盖，不能用农家肥和田园土。③若无干沙可用干煤灰贮藏覆盖。

2. 育苗技术

佛手瓜在温带地区只能作1年生栽培，用整瓜播种育苗。在南方佛手瓜入窖贮藏，翌年清明前后自然出苗，而后选择苗好的种瓜直接播种。北方为培育壮苗，提高幼苗的抗性，需及早进行室内催芽。催芽应于翌年1月下旬进行，将种瓜取出，用塑料袋逐个包好，移到暖室催芽，温度保持15℃～20℃。催芽温度不宜太高，过高出芽快，但芽细不健壮；适当降低催芽温度，芽粗短健壮。催芽15天左右种瓜顶端开裂，生出幼根，当种瓜发出幼芽时进行育苗。数量少时用大营养袋或花盆放在暖室培育，数量大时用简易保护地培育。营养土用通气性能好的沙质土与菜园土对半混合配制，种瓜发芽端朝上、柄朝下，覆土4～6厘米厚，土壤湿度以手握成团、落地即散为准，不要有积水。育苗期瓜蔓幼芽留2～3枝为宜，多而弱的芽要及时摘掉。对生长过旺的瓜蔓留4～5叶摘心，控制徒长，促其发侧芽。育苗期间温度保持在20℃～25℃，并注意通风和光照。

佛手瓜整瓜播种，需种瓜量较多，成本偏高。为减少种瓜用量，扩大繁殖系数，也可采用茎切段扦插育苗。具体方法：将种瓜提前育苗，培育出健壮秧蔓后用于切段扦插。温室可于11～12月份育苗，于翌年3月上中旬将幼苗秧蔓剪断，每一切段含2～3个节。将切段茎部置于0.05%萘乙酸溶液中浸泡5～10分钟，取出插于育苗营养土或蛭石、珍珠岩、过筛炉渣等轻质基质内，保温保湿促其生根。

（四）整地定植

1. 整 地

定植前深耕，充分晒垡。结合深耕每667米²施腐熟厩肥2 000千克、过磷酸钙40千克或三元复合肥100千克作基肥。施基肥时多施有机肥和磷、钾肥，有利于提高地温和改良土壤结构，增强植株抗性。耕后耙平备用。

2. 定 植

佛手瓜在断霜后定植。大棚栽培可于3月上中旬定植，露地栽培4月中旬定植。定植时，穴要大而深，约1米见方、1米深。将挖出的土再填入穴内1/3，每穴施腐熟优质圈肥200～250千克，与穴土充分混合均匀，上面再覆盖20厘米厚的土，用脚踩实。定植时将育苗花盆或塑料袋取下，带土入穴，土面与地面齐，然后埋土。定植后浇水，促其缓苗。若采用种瓜育苗、大苗定植，每667米²可栽20～30株。用切段扦插的小苗栽培，密度可适当加大，行距3～4米，株距2米，每667米²栽80～120株。

（五）田间管理

1. 搭架引蔓与整枝

佛手瓜繁殖和攀援能力较强，生长迅速，叶蔓茂密，相互遮阴，若任其生长易发生枯萎和落花落果现象。因此，当瓜蔓长至40厘米左右时要搭架引蔓，利用竹竿、绳索让佛手瓜攀架。一般棚架高1.5～2米，每株需棚架面积约25米^2，棚架要牢固，以防大风吹倒或压倒。佛手瓜侧枝分生能力强，每1个叶腋处可萌发1个侧芽。定植后至植株旺盛生长阶段，地上茎伸长较慢，茎基部的侧枝分生较快，易成丛生状，影响茎蔓延长和上架，故前期要及时抹除茎基部的侧芽，每株只保留2～3个子蔓。上架后，不再打侧枝，任其生长，但应注意调整茎蔓伸展方向，使其分布均匀，以利通风透光。佛手瓜的子蔓和孙蔓结瓜较早，主蔓应及早摘心，子蔓也要适当摘心，促使早生子蔓和孙蔓，提早结瓜，提高产量。

2. 肥水管理

佛手瓜生长发育旺盛，根系分布浅，喜大肥大水。生长期需结合浇水追肥5～6次。第一次在定植成活后15天左右，距瓜苗20厘米处开沟浇施少量腐熟稀粪水，促进幼苗生长。第二次在5月底，距瓜苗40～50厘米处开沟，每株沟施腐熟人粪尿5千克，或三元复合肥0.2千克。第三次在6月底，距瓜苗60厘米处开沟，每株沟施腐熟人粪尿7千克，或三元复合肥、磷肥各0.3千克。第四次在7月下旬，距植株80厘米处开沟，每株沟施腐熟人粪尿10千克，或三元复合肥0.5千克。第五次在8月中下旬，距植株1米处开沟，每株沟施三元复合肥1千克，或草木灰2千克。此后根系布满地面，9月份结瓜期可酌情喷施1～2次叶面肥。佛手瓜喜湿润，5月份应小水勤浇，防止大水漫灌降低地温。6月份以后植株生长迅速，需水量逐渐加大，尤其是7～9月份，一定要增加浇水次数和浇水量，始终保持地面湿润，以满足植株生长发育的需要。

（六）病虫害防治

1. 霜 霉 病

（1）**危害症状**　主要危害叶片。发病初期，叶面叶脉间出现黄色褪绿斑，后在叶片背面出现受叶脉限制的多角形黄色褪绿斑，发病严重时叶片向上卷曲。

（2）**防治方法**　发病初期可喷洒 70% 乙铝·锰锌可湿性粉剂 500 倍液，或 64% 噁霜·锰锌可湿性粉剂 500 倍液，或 72% 霜脲·锰锌可湿性粉剂 800 倍液，或 50% 琥铜·甲霜灵可湿性粉剂 500 倍液。病情严重时，可用 69% 烯酰·锰锌可湿性粉剂 1000 倍液喷洒，每 7～10 天喷 1 次，连续喷 2～3 次，收获前 1 周停止用药。

2. 白 粉 病

（1）**危害症状**　主要危害叶片，发病初叶面产生白色小粉斑，后逐渐向四周扩展融合形成边缘不明显的连片白粉，严重时整个叶面覆一层白色粉霉状物，致使叶缘上卷，叶片逐渐干枯死亡。叶柄和茎蔓染病时，症状基本与叶片相似。

（2）**防治方法**　用人工繁殖的白粉寄生菌进行生物防治，于佛手瓜白粉病发病初期喷洒植株，可有效地抑制白粉病的扩展。发病初期喷洒 2% 嘧啶核苷类抗菌素水剂 100～150 倍液，隔 7～10 天喷 1 次，连喷 2～3 次，不仅可以防治白粉病，还可以兼治炭疽病、灰霉病、黑星病等。也可在发病初期喷洒 20% 三唑酮乳油 2000 倍液，或 15% 三唑酮可湿性粉剂 1000 倍液，或 50% 甲基硫菌灵可湿性粉剂 1000 倍液，每 7～10 天喷 1 次，采收前 1 周停止用药。

3. 蔓 枯 病

（1）**危害症状**　蔓枯病主要危害佛手瓜的蔓、果和叶片，茎蔓染病初生褐色长圆形至不规则形病斑，斑上生有黑色小点，严重时可引起茎蔓死亡，果实萎缩。叶染病，呈水渍状黄化坏死，严重时整叶枯死。果实染病，产生黑色凹陷斑，龟裂或致果实腐败。

（2）**防治方法**　与非瓜类作物实行 2～3 年轮作，保护地栽培注意通风透光。发病初期喷洒 50% 甲基硫菌灵可湿性粉剂 800 倍液，或 75% 百菌清可湿性粉剂 600 倍液，每 7～10 天喷 1 次，连续喷 2～3 次，采收前 1 周停止用药。

4. 白粉虱

（1）**危害症状**　白粉虱，俗称小白蛾子，以成虫和若虫吸食植物汁液，被害叶片褪绿、变黄、萎蔫，甚至全株枯死。因其繁殖力强，种群数量庞大，群聚危害，并分泌大量蜜液，严重污染叶片和果实，往往引起煤污病的大发生。

（2）**防治方法**　培育无虫苗，与芹菜、蒜黄等白粉虱不喜食的蔬菜轮作；育苗前彻底熏杀残余虫口，清理杂草和残株。化学防治：选用 25% 噻嗪酮可湿性粉剂 1 000～1 500 倍液，或 10% 联苯菊酯乳油 2 000 倍液，或 2.5% 溴氰菊酯乳油 2 000 倍液，或 20% 氰戊菊酯乳油 2 000 倍液，或 2.5% 高效氯氟氰菊酯乳油 3 000 倍液，每隔 7～10 天喷 1 次，连续防治 3 次。生物防治：用人工繁殖丽蚜小蜂，当粉虱成虫在每株 0.5 头以下时，每 2 周放蜂 1 次，分 3 次每株释放成蜂 15 头。物理防治：利用白粉虱对黄色有强烈的趋性，在板条上涂黄色油漆，再涂上一层黏油（可使用 10 号机油加少许黄油调匀），每 667 米² 设置 32 块，置于行间，高度与植株高度相同。当粉虱黏满板面时，要及时重涂黏油，一般 10 天左右重涂 1 次。涂油时注意不要把油滴在植株上造成烧伤。

5. 红蜘蛛

（1）**危害症状**　以成、若、幼螨在叶背吸食汁液，使叶片出现褪绿斑点，后逐渐变成灰白斑和红斑，严重时叶片枯焦脱落。高温低湿时红蜘蛛发生严重。

（2）**防治方法**　铲除田边杂草，清除残株败叶，消除部分虫源和早春寄主；合理灌溉和施肥，促进植株健壮，提高其抵抗能力。药剂防治可选用 15% 哒螨灵乳油 2 000 倍液，或 20% 双甲脒乳油 2 000 倍液喷洒，采收前 10 天禁止用药。

（七）采收与贮藏保鲜

佛手瓜开花结瓜比较集中，必须及时采摘，以减少养分消耗，促进后茬瓜的生长发育，提高单株产量。食用瓜一般在花后 20 天采摘，准备种用和贮藏越冬的瓜在花后 30～40 天采摘，最后 1 批瓜在霜冻前采完。采摘过早不耐贮藏，作种用的瓜则因种子尚未充分成熟而使出苗弱。食用瓜采摘过晚则瓜皮变厚，影响口感。采摘时，轻拿轻放，将瓜柄从瓜基部剪断，采后置于 10℃左右的室内保存。

二十九、芽苗菜

（一）生物学特性

芽苗菜是以作物的种子、根茎、枝条等为材料，在黑暗、弱光条件下生产芽苗、幼芽或嫩梢。该类蔬菜营养丰富，生长速度快，鲜嫩，口感好，清洁、无污染，易达到绿色食品标准，具有营养保健功能，适于工厂化生产，也适合家庭生产，经济效益好。芽苗菜生产不受场地、资金、气候等条件限制，规模可大可小，投资回报快，可周年生产。目前，在欧美等一些先进国家，芽苗菜的生产已远远走在前面，形成了一个独立的行业，芽苗菜供应在整个蔬菜市场占重要地位。随着我国国民经济的发展与人民生活水平的提高，芽苗菜已成为宾馆、饭店菜谱上的高档蔬菜，并且逐渐走进寻常百姓家，芽苗菜作为一种新兴蔬菜有着广阔的市场前景。

（二）芽苗菜类型

芽苗菜有两种类型，即种芽菜和体芽茶。

1. 种 芽 菜

利用种子中储藏的养分直接培育出的嫩芽或芽苗，如黄豆芽、绿豆芽、黑豆芽、蚕豆芽、花生芽、豌豆芽、香椿芽、花椒芽、苜蓿芽、松柳芽、荞麦芽和萝卜芽等。

2. 体 芽 菜

利用2年生或多年生的宿根、肉质直根、根茎或枝条中储存的养分，培育出的芽球、嫩芽、幼茎或幼梢，如菊苣芽球、苦菜芽、姜芽、芦笋芽和蒲公英芽等。

（三）种子处理

种子应提前晾晒，以便杀灭附着在种子表面的病菌虫卵。晒种的同时进行精选种子，去除虫蛀、破残、霉变、畸形、干瘪的种子，选留整齐、饱满的种子。对籽粒大小差异大的种子，应进行简单的分级，将大、小种子分别播种，以免芽苗生长参差不齐，降低商品价值。

（四）生产设施

1. 栽培室

各种芽苗菜的生长适温大多为20℃～25℃（豌豆要求18℃～23℃），当外界日平均温度高于18℃时可露天栽培，但需适当遮阴。冬季、早春及晚秋可利用塑料大棚、温室等设施进行栽培，还可以利用厂房或闲置房屋进行生产。

2. 栽培架

栽培架主要用于栽培室内摆放多层苗盘进行立体栽培，以利提高空间利用率。可用角铁、钢筋、竹木制成4～5层的栽培架，每层间距30～40厘米，第一层离地面不小于10厘米。栽培架宽60厘米，架长150厘米，为便于操作管理，高度一般不超过200厘米。

3. 栽培容器和基质

栽培容器一般多选用轻质塑料育苗盘，长60厘米、宽25厘米、高5厘米。基质多选用洁净、质轻、无毒、吸水持水力强，使用后其残留物容易处理的纸张（包装纸等）、白棉布、无纺布、细沙和珍珠岩等。

4. 喷淋装置

为确保芽苗生长过程中对水分的需求，基质必须保持湿润，故需加强喷雾，大面积栽培应装喷水设施，种植面积较小时应备有喷雾器和喷壶等。

5. 棚室及生产工具消毒

棚室消毒常采用烟剂熏蒸，以降低棚内湿度。每 667 米² 用 22% 敌敌畏烟剂 500 克 +45% 百菌清烟剂 250 克，暗火点燃后熏蒸消毒。也可直接用硫磺粉闭棚熏蒸，或在栽培前撒施生石灰消毒。注意消毒期间不宜进行芽苗菜生产。此外，根据大棚面积的大小，适当架设几盏紫外线消毒灯管，栽培前开灯照射 30 分钟进行杀菌消毒。栽培前，苗盘、塑料桶用热洗衣粉溶液浸泡 15 分钟，彻底洗净后再放入 3% 石灰溶液或 0.1% 漂白粉混悬液中浸泡 15 分钟，取出清洗干净。栽培基质应高温煮沸或强光暴晒进行杀菌消毒。

（五）催芽播种

1. 浸　种

浸种的目的有两方面，首先是促使种子快速吸水，短时间达到种子萌发所需要的含水量；其次是杀灭种子表面的病菌虫卵，达到种子消毒的目的。常采用温汤浸种，方法是将精选晾晒过的种子放入 55℃ 温水中浸泡 10～15 分钟，并不断搅拌，用水量为种子量的 5～6 倍。温汤浸种后再将种子放入清水中浸泡，浸泡时间长短视品种而定，一般豌豆浸种 18～24 小时、香椿 12～20 小时、荞麦 24～36 小时、萝卜 6～8 小时。期间应注意淘洗种子并换水多次。当种子基本泡胀时即可结束浸种，捞出种子，沥去多余水分，准备播种，注意在清洗种子时不要损伤种皮。

2. 播　种

苗盘内铺 1～2 层白纸或白棉布，使其吸足水分，将已催芽的种子均匀撒在湿基质上。播种催芽有一步式和两步式 2 种方法。一步式播种催芽是将浸泡后的种子直接播种，一次性催芽。这种方法应用于豌豆、荞麦、萝卜等发芽较快的种子。两步式播种催芽是先将种子进行常规催芽，待种子露白后再进行播种，这种方法多用于香椿等发芽较慢的种子。一般60厘米×25厘米×5厘米苗盘，豌豆播种量为350～400克，荞麦为150～170克，萝卜为80～100克，香椿为30～50克。播种后，将苗盘整齐叠放在一起，用黑色塑料膜盖好进行叠盘催芽。催芽温度，豌豆为18℃～23℃，荞麦、萝卜为20℃～25℃，香椿为20℃～23℃。每天喷水1～2次，水量不宜过大，盘内不能有积水。香椿种子因基质保持的水分完全能满足发芽需要，无须喷水。每隔1～2天倒盘1次，变换位置，使芽苗生长均匀整齐。正常条件下，3～5天即可出盘结束催芽，出盘后将苗盘散放在栽培架上，进入芽苗管理阶段。

（六）芽苗管理

1. 光 照

为使芽苗菜从叠盘催芽的黑暗高湿环境安全地过渡到栽培环境，在苗盘移到栽培室时，应放置在空气湿度较稳定的弱光区域过渡1天，然后在中等光照条件下生长，上市前2～3天苗盘放置在光照较强的区域，以使芽苗绿化。荞麦芽、萝卜芽需光较强，香椿芽需中等光照，豌豆芽适应性较广。芽苗生长期间光照不宜过强，否则影响品质；光照过弱则使芽苗细弱，易倒伏、腐烂。

2. 水 分

由于芽苗菜本身鲜嫩多汁，需经常补水，每天喷淋2～3次，以苗盘内基质不大量滴水为度。刚播种和刚出盘时喷水量要大，幼苗生长前期喷水量宜小，中后期稍大，后期采收以前喷水量要小而勤；高温干燥时多喷，阴雨天或温度低时则少喷。

3. 温度和通风

根据芽苗菜的不同种类、不同生长期分别管理。同一生产场地同时生产几种芽苗菜时，室内温度应掌握在夜间不低于16℃、白天不高于25℃，在此温度范围内，豌豆芽、香椿芽较喜欢低温，而萝卜芽、荞麦芽较喜高温，管理上可根据栽培室内不同区域温度差别摆放。此外，在保证室内温度的情况下，每天应至少通风1～2次，以保持空气清新，减少病害发生。

（七）病虫害防治

1. 种子霉烂

（1）**危害症状** 芽苗菜栽培过程中，尤其是在叠盘催芽时，容易发生烂种现象。霉烂造成的原因多为破烂、霉烂、失去发芽力的种子在高温高湿条件下腐烂发霉；良好的种子在长期浸水、通气不良、温度过高或过低的情况下也会霉烂。

（2）**防治方法** 选用良种，切勿采用种皮为绿色或黄色的品种，淘汰劣种；催芽时必须严格控制浇水量和温度，勿积水，保持适宜的温湿度和通风。此外，苗盘必须进行严格的清洗和消毒。

2. 猝倒病、立枯病

（1）**危害症状** 苗期根茎部开始有水渍状斑，后病斑变褐，幼苗猝倒，或根部、根茎部、豌豆的子叶等部位变黑，幼苗生长缓慢，这类症状均是猝倒病和立枯病的表现。

（2）**防治方法** 彻底清洗育苗器具，清洗、暴晒重复使用的基质；采用温汤浸种进行种子消毒；严格控制温度，避免环境温度过高或过低；加强通风，减少浇水量和次数，改喷灌为浸水灌，防止空气湿度过大。

3. 叶 斑 病

（1）**危害症状** 萝卜芽苗菜的子叶上有时出现黑色小麻点，这是多种真菌病害侵染造成的。

（2）**防治方法** 改喷灌为水浸浇水，避免水滴落在子叶上；加强通风，降低空气湿度。

（八）采收与贮藏保鲜

芽苗菜组织柔嫩、含水量高、易萎蔫，必须及时采收。采收标准：豌豆芽，芽苗浅黄绿色、高10～12厘米，顶部叶片展开、

参考文献

［1］王从亭，张建国，田朝辉，等．名优蔬菜四季高效栽培技术［M］．北京：金盾出版社，2009．

［2］王迪轩，罗美庄．特种蔬菜栽培技术——叶菜类［M］．北京：化学工业出版社，2010．

［3］王迪轩，罗美庄．特种蔬菜栽培技术——瓜果类［M］．北京：化学工业出版社，2010．

［4］贺永喜．特种蔬菜栽培技术根、茎、叶类［M］．银川：宁夏人民出版社，2010．

［5］黄保健．特种蔬菜无公害栽培技术［M］．福州：福建科技出版社，2011．

［6］刘建．特种蔬菜优质高产栽培技术［M］．北京：中国农业科学技术出版社，2011．

［7］陈可禹，王爽．稀特蔬菜栽培［M］．北京：中国农业大学出版社，2011．

［8］徐卫红．叶类蔬菜栽培与施肥技术［M］．北京：化学工业出版社，2012．

［9］曹华．名特蔬菜优质栽培新技术［M］．北京：金盾出版社，2012．

［10］韩世栋．36种引进蔬菜栽培技术［M］．北京：中国农业出版社，2012．

［11］车晋滇．二百种野菜鉴别与食用手册［M］．北京：化学

工业出版社，2012.

　　［12］张俊花．稀特绿叶蔬菜栽培一本通［M］．北京：化学工业出版社，2013.

　　［13］周荣．名特蔬菜节本高效栽培［M］．广州：广东科学技术出版社，2013.

　　［14］徐卫红．有机蔬菜栽培实用技术［M］．北京：化学工业出版社，2014.